U0126034

汉服华夏

红糖美学 著

东方美学口袋书

TRADITIONAL CHINESE CLOTHING

人民邮电出版社
北京

图书在版编目（CIP）数据

华夏汉服 / 红糖美学著. -- 北京 : 人民邮电出版社, 2024.2（2024.7重印）
（东方美学口袋书）
ISBN 978-7-115-63286-9

Ⅰ. ①华… Ⅱ. ①红… Ⅲ. ①汉族－民族服装－中国－图集 Ⅳ. ①TS941.742.811-64

中国国家版本馆CIP数据核字(2024)第007514号

内容提要

汉服是中华传统文化的重要组成部分，无论是织染工艺，还是纹样、配色，都体现了独特的东方美学。

本书是“东方美学口袋书”系列的汉服主题图书，按照朝代梳理、选择了30多种汉服，如曲裾深衣、直裾深衣、交领襦裙等，带领读者走进汉服文化，感受中华传统之美。本书不仅展示了服装形制、设计细节、上身装扮、汉服配色和纹样等内容，还介绍了相关的汉服配饰、鞋履、面妆知识。

本书开本小巧、内容丰富，适合设计师、画师、传统文化爱好者、汉服文化爱好者阅读。

◆ 著　　红糖美学
责任编辑　魏夏莹
责任印制　周昇亮

◆ 人民邮电出版社出版发行　　北京市丰台区成寿寺路 11 号
邮编　100164　　电子邮件　315@ptpress.com.cn
网址　https://www.ptpress.com.cn
北京盛通印刷股份有限公司印刷

◆ 开本：889×1194　1/64
印张：3　　2024 年 2 月第 1 版
字数：154 千字　　2024 年 7 月北京第 5 次印刷

定价：39.80 元

读者服务热线：(010)81055296　印装质量热线：(010)81055316
反盗版热线：(010)81055315
广告经营许可证：京东市监广登字 20170147 号

前言

汉服是汉民族的传统服饰。本书是汉服纹样和配色的设计类图鉴，精选了31类传统中国色和31种传统纹样作为逻辑线，并根据朝代梳理了当时流行的款式、颜色、纹样的搭配，讲解了关于不同朝代服装的小知识。

汉与魏晋的服饰衣袂翩跹，展现了典雅与不拘交织的风格；唐代的服饰雍容华贵，展现了盛世华服之美；宋代的服饰俏窄风雅，展现了淡雅舒适的质朴风；明代的服饰精细雅致，展现了等级森严的端庄之风。

对于本书所涉及的内容，我们始终保持着虚心听取意见的态度，欢迎读者与我们联系，共同探求华夏汉服之美。

最后，愿此书为您打开一扇了解中国传统文化的窗口，所得所获，我之确幸。

红糖美学

2023年11月

宋

明

目录

汉与魏晋

唐

汉与魏晋

曲裾深衣

［西汉·女子］

西汉女子曲裾深衣装束

下身着　裈—袴

上身着　衫—襦—禅衣（分裁相连）

曲裾深衣配色

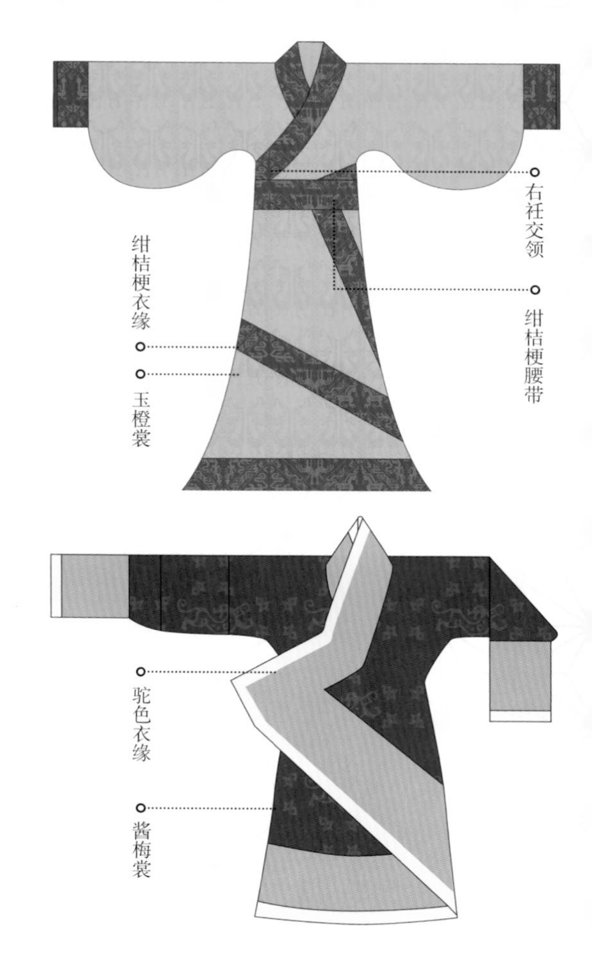

衣香鬓影

堕马髻

最早出现在汉代，随着朝代的变迁，堕马髻的形式也有所不同。一般梳发的方法是将头发聚拢，挽结成大椎，在椎中处结丝绳，壮如马肚，堕于头的一侧或脑后。

鞋履

丝履

履面用丝缕编织而成，履底用麻线制成，东汉后在民间开始流行。

远山黛

是汉代常见的一种淡远、细长的眉毛画法。

梯形唇妆

汉武帝时期女子妆容简洁，唇妆上窄下宽，以近乎梯形的样式为主。

云气纹

纹\样\简\介

云气纹是汉魏时期流行的汉族传统装饰花纹之一，是比较古老的几何纹饰。云气纹的产生与当时的道教思想相关。古人认为，“云”与“气”实为一体，是生机、灵性、精神以及祥瑞等的载体和象征。祥瑞出现时常常会有云气相伴，云气也逐渐成了祥瑞的证明。这种云气经过具象的、有形的图释，演变成了灵动飘逸、气势遒劲而又不失韵律的云气纹。

西汉绢地「长寿绣」

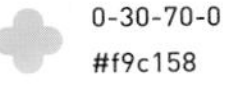

0-30-70-0　249-193-88
#f9c158

0-80-100-0　234-85-4
#ea5504

53-93-100-38　104-32-23
#682017

直裾深衣

［汉·女子］

东汉女子直裾深衣装束

下身着 裤

上身着 衫—直裾深衣

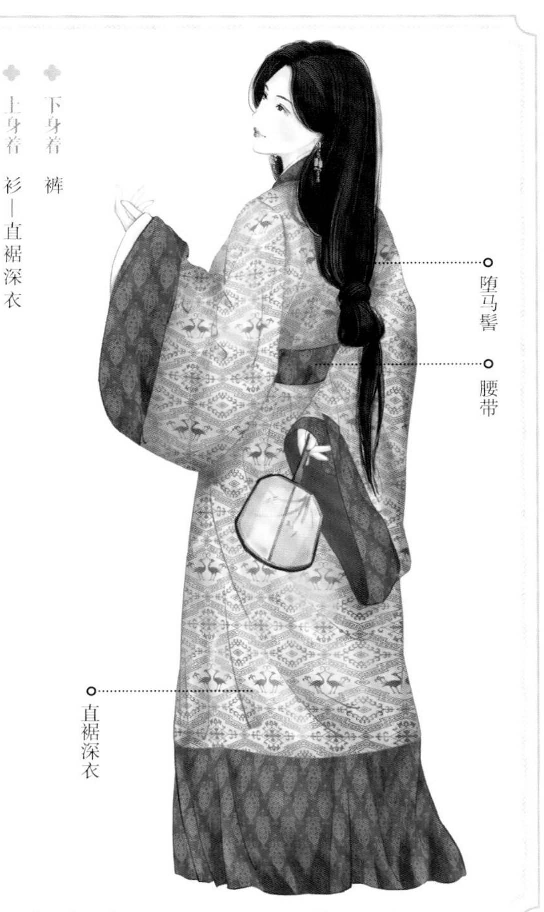

直裾深衣配色

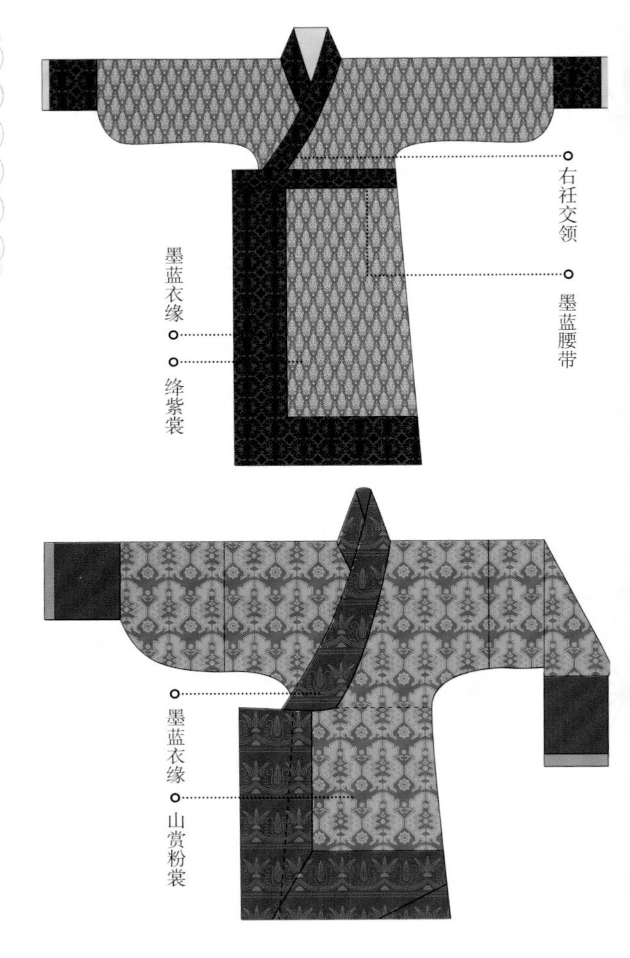
右衽交领
墨蓝腰带
墨蓝衣缘
绛紫裳
墨蓝衣缘
山赏粉裳

配饰

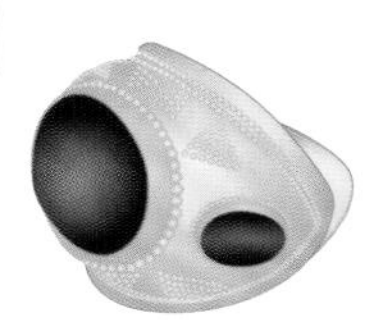

镶宝石金戒指

汉代时期的一种指环。两汉时期多以金、银制作指环，并在此基础上镶嵌宝石。

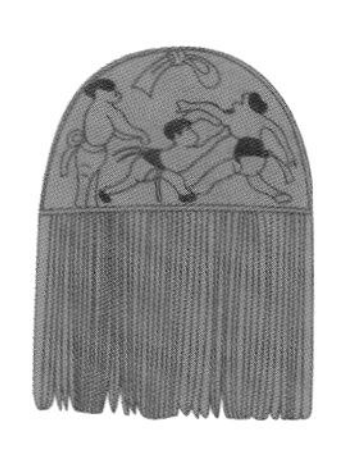

木质彩绘角抵圆梳篦

秦汉时期的木质梳篦，呈马蹄形，上绘有人物纹样，是当时常用的一种梳发工具。

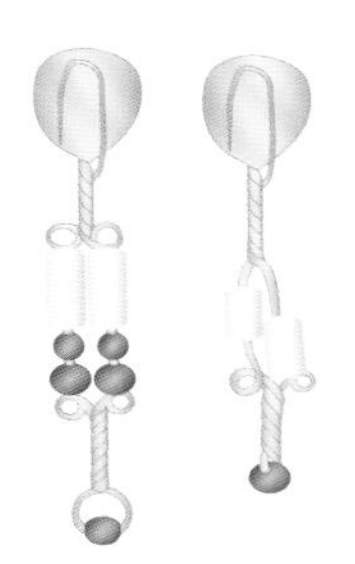

金耳坠

常以两根金丝拧成双股绳状至顶端分开，一股弯成钩，以便挂于耳上；另一股则垂成片蝶状，用以遮蔽耳洞。

对鸾菱纹

纹 \ 样 \ 简 \ 介

对鸾菱纹是汉代特有的丝织纹样，属于几何菱纹的一种。几何菱纹在春秋战国时期已广泛应用，沿袭至汉。汉代的菱纹绮，在复合菱形纹样的基础上加入茱萸，具有辟邪去灾、吉祥如意的美好寓意。又因在菱形纹样两端加上菱形格子图案，形似古代的耳杯，故亦称“杯纹绮”。

对鸾菱纹绮

39-93-93-42　118-28-21
#761c15

53-84-57-8　135-65-84
#874154

62-90-76-49　78-29-37
#4e1d25

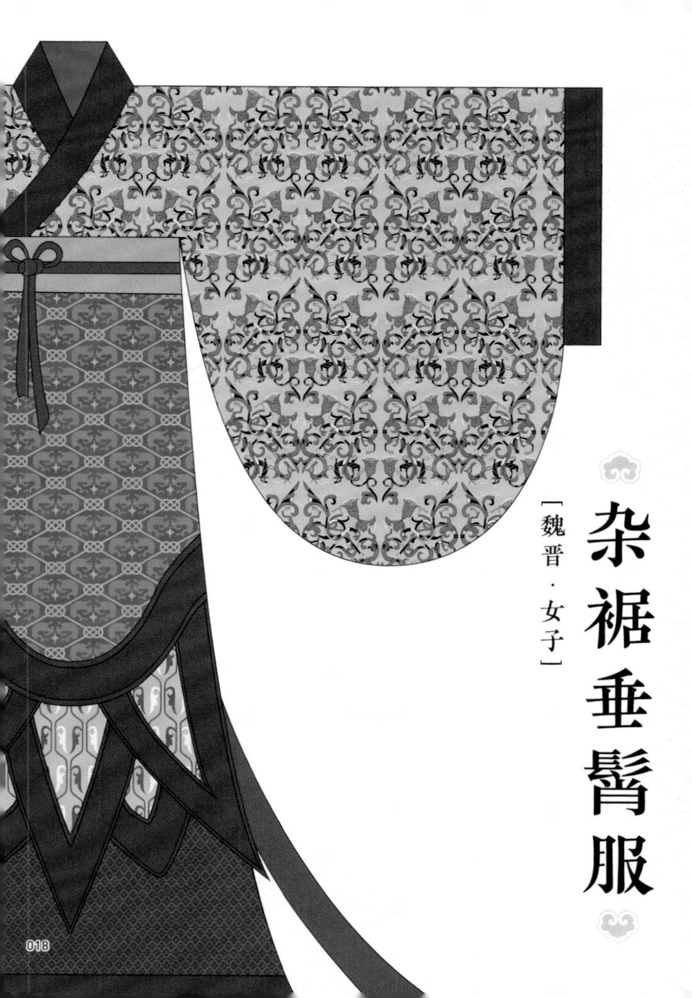

杂裾垂髾服

【魏晋·女子】

魏晋女子杂裾垂髾服装束
下身着 裈—袴—裙—蔽膝
上身着 衫—大袖襦
缬子髻
大袖襦
蔽膝
垂髾
飞髾

杂裾垂髾服配色

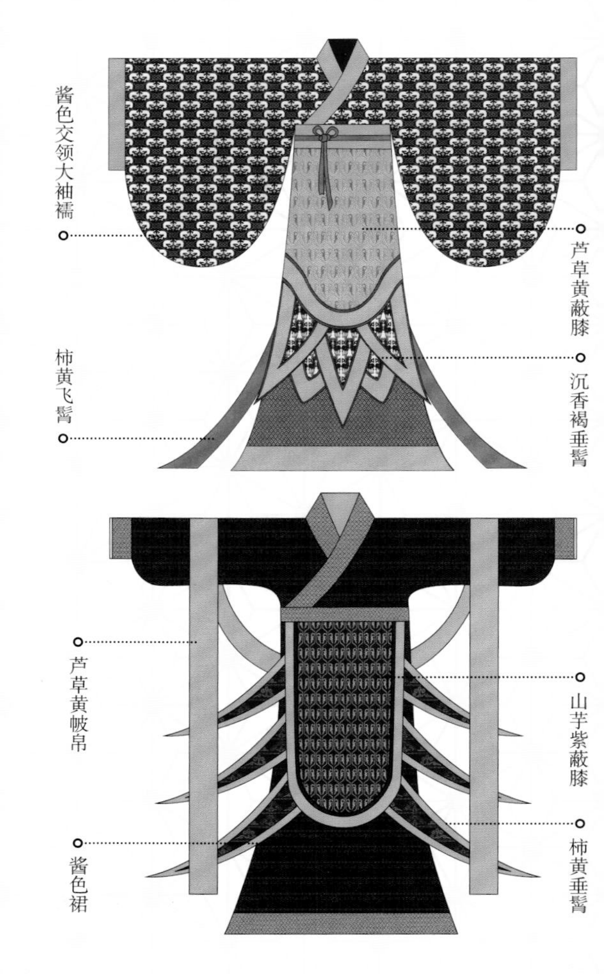

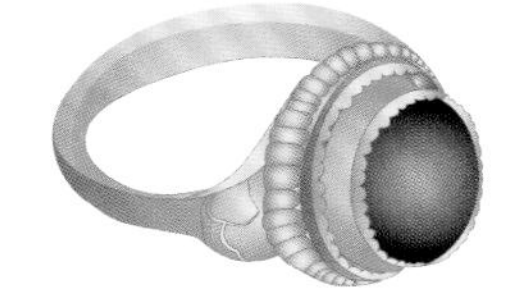

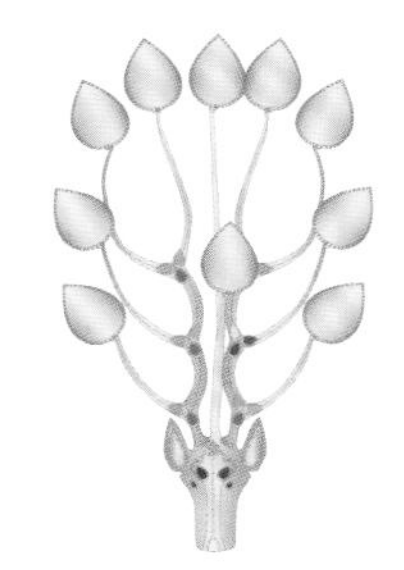

松石金指环

指环在魏晋时期极为盛行，多以金、银制成，也有镶嵌各类宝石的样式。

牛头鹿角金步摇

魏晋时期较为盛行，整体形态呈花树状，以牛头为主体元素，且镶嵌有各色宝石。使用时插于发髻之中，行走时随之摆动。

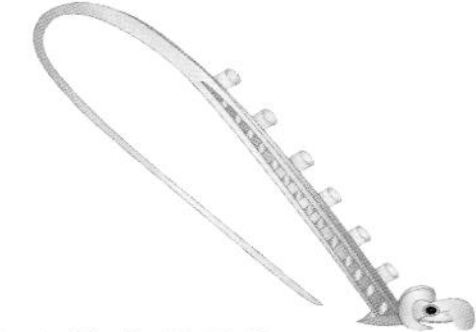

金羊头副耳饰

是魏晋时期耳饰的一种新样式，当时常以动物的形态作为饰品的主要元素。该耳饰因以羊头为主体而得名，具有“吉祥如意”之意。

龙凤虎纹

纹 \ 样 \ 简 \ 介

龙凤虎纹起源于战国时期，体现了楚人的精神世界，沿用至魏晋。该纹样以龙、凤、虎为主题纹样，因其年代久远、形制精美成为刺绣纹样中的精品。纹样中龙、凤、虎之间呈相互竞争又相互衬托的形态，这种空间的表现形式，展现了楚人的自信以及楚文化的包容性。

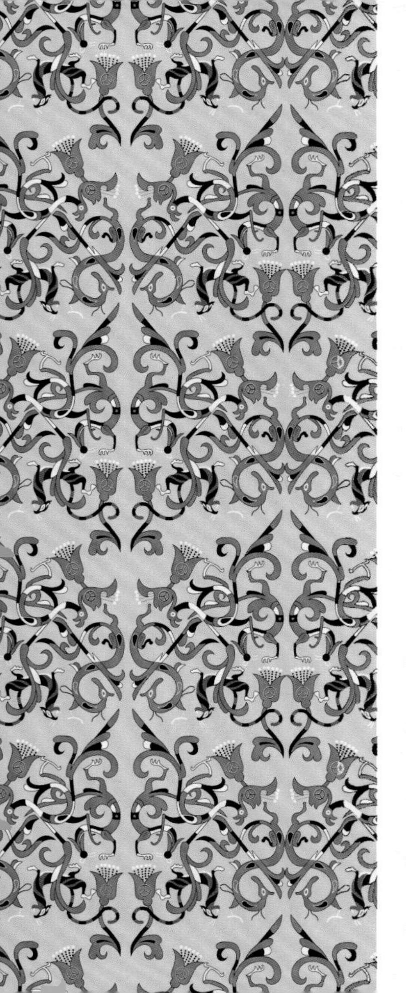

龙凤虎纹绣

40-65-95-0　169-106-43
#a96a2b

14-33-55-0　222-180-121
#dfb479

6-13-46-0　243-222-154
#f3de9a

27-99-100-0　189-30-33
#bd1e21

100-100-100-100　0-0-0
#000000

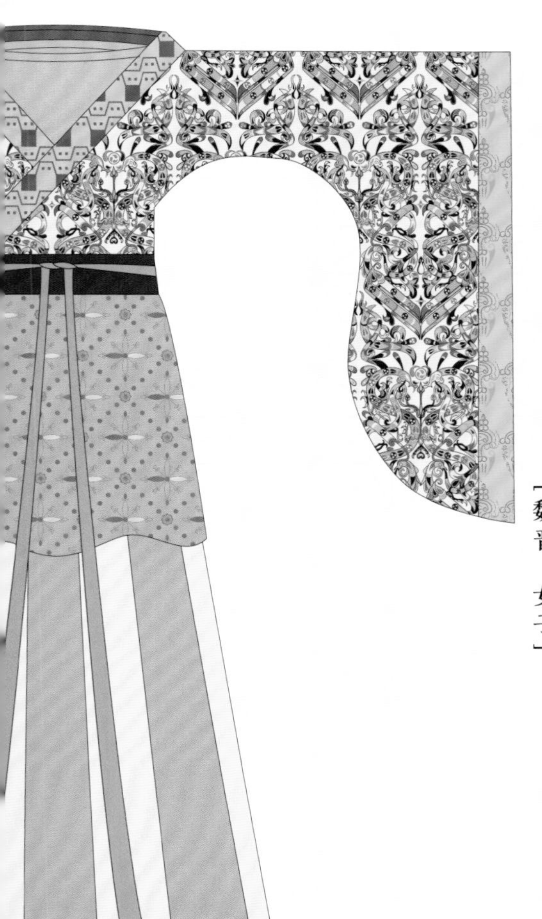

交领襦裙

【魏晋·女子】

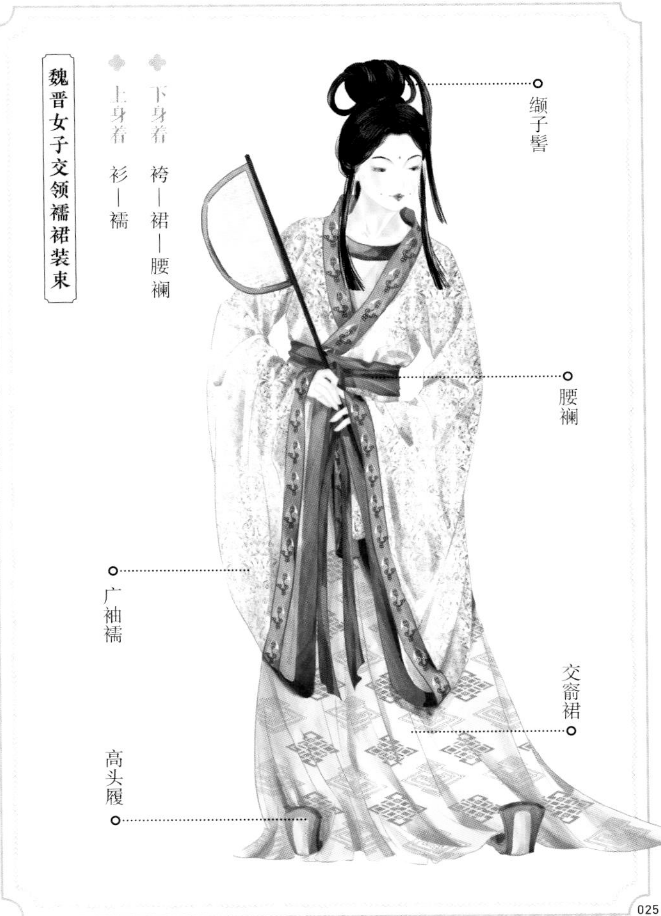
魏晋女子交领襦裙装束
上身着 衫—襦
下身着 袴—裙—腰襕
缬子髻
腰襕
广袖襦
交窬裙
高头履

交领襦裙配色

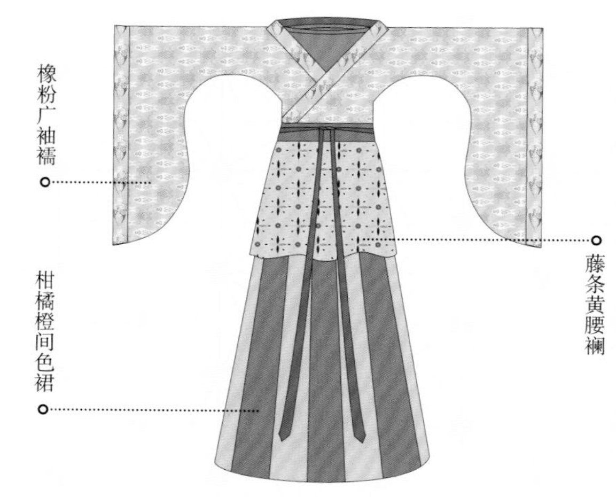
橡粉广袖襦
藤条黄腰襕
柑橘橙间色裙

干黄花广袖襦
冰露棕交窬裙

衣香鬟影

流苏髻

贵族妇女常用发式。将头发盘为发髻，垂至肩部，再取一指粗的余发垂于两肩，加以珠翠、步摇点缀。

缬子髻

流行于西晋末年，先梳一个大发髻，在发髻顶端抽出两股头发，系在中间，形成两个小环，环上可垂下一绺头发。

鞋履

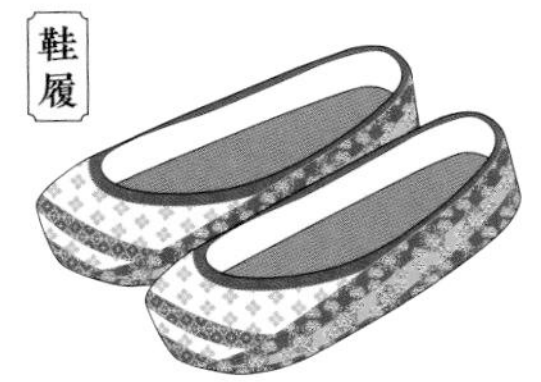

织成履

履的雏形是用麻线编织而成，穿着方便，是女子常穿的一种鞋履样式。

高齿履

从汉代的双歧履发展而来，履前为上耸齿状，行走时露于裙外。

蟠龙飞凤纹

纹 \ 样 \ 简 \ 介

蟠龙飞凤纹由兽面纹演变而来，纹样中的扶桑树、太阳、龙凤等元素体现出当时人们对自然与祖先的崇拜。该纹样起源于先秦时期，盛行于战国时期的楚国，具有明显的楚地风格和时代特征。经不断发展沿用至魏晋时期，具有龙凤呈祥、威严庄重、祥瑞等寓意。

3-12-25-0 248-230-198
#f8e6c6

13-30-51-0 225-187-131
#e1bb83

36-17-57-0 178-190-128
#b2be80

26-69-88-0 195-104-47
#c3682f

64-87-90-57 66-27-20
#421b14

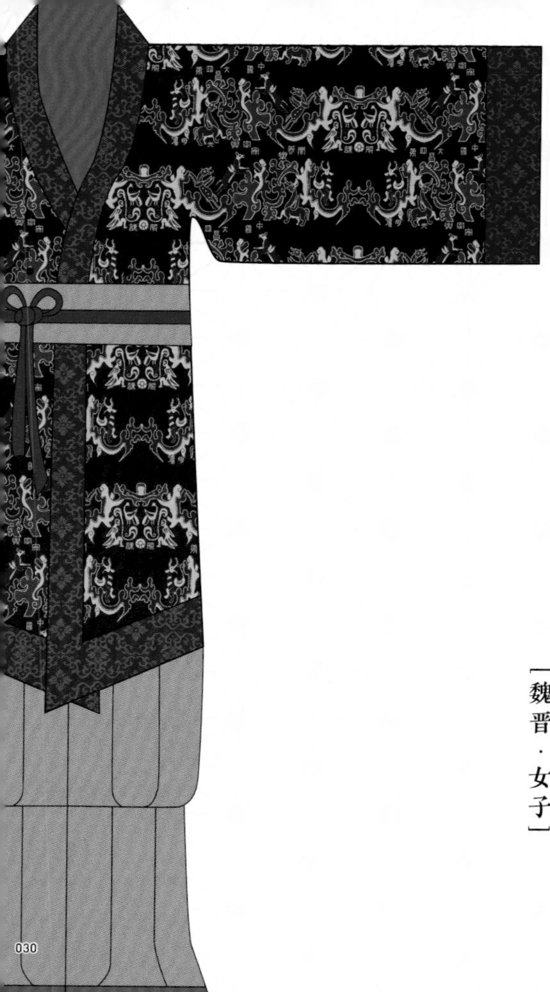

袴褶

【魏晋·女子】

魏晋女子袴褶装束

下身着 袴

上身着 衫—褶

袴褶配色

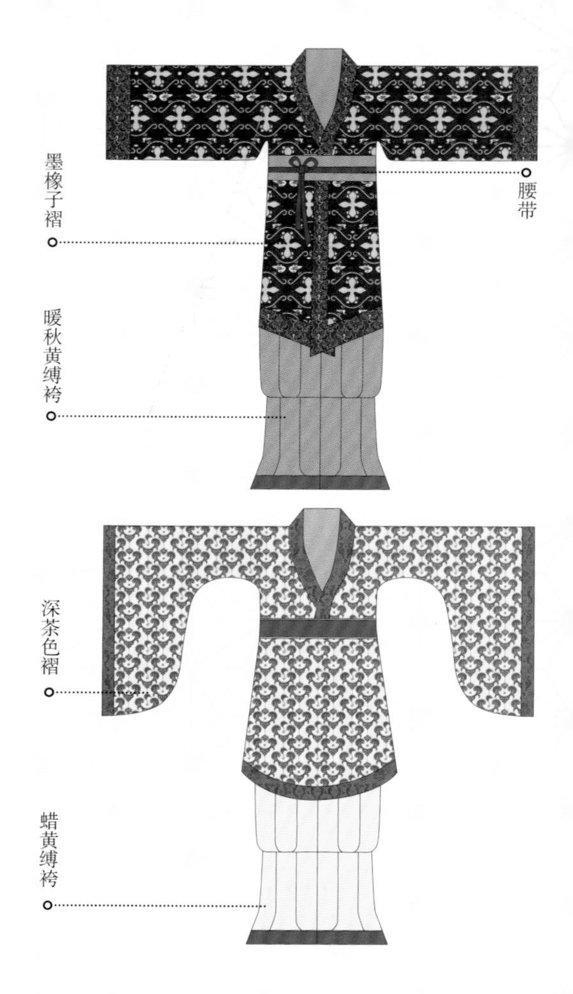

墨橡子褶
腰带
暖秋黄缚袴
深茶色褶
蜡黄缚袴

配饰

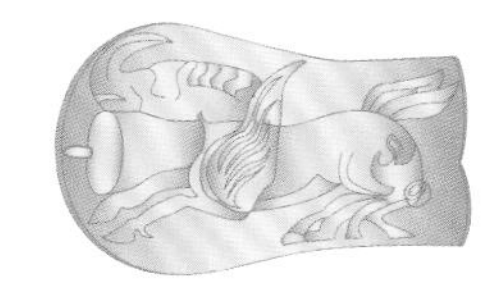

◎ 金奔马饰件

此饰件马颈及尾部各有一环，上系金链可供系戴，推测是颈饰的一种。形制多样，多以动物为主题，用金、银制成，极具装饰性。

◎ 带镉

即腰带上的环扣，一般饰有动物纹，并有穿戴用的孔，可用于系扣腰带。

◎ 金博山帽饰

此金博山帽饰是在带尖顶的方形框架中饰蝉纹，是位高权重的标志之一。

云气动物纹

纹 \ 样 \ 简 \ 介

云气动物纹最早出现的时间已无法考证，但其流行于东汉中后期直至魏晋。有这类纹样的织锦经常呈现出五种颜色，这与当时的“五行”学说非常契合，故又称“五色云锦”。云气动物纹锦在丝绸艺术史上占有独特的地位，其纹样奔放、古拙，独树一帜。

中国大昌四夷服诛南羌锦

17-13-10-1 217-217- 222
#d9d9de

13-24-61-3 224-193-112
#e0c170

39-93-93-42 118-28-21
#761c15

80-0-0-55 0-105-141
#00698d

75-70-70-34 67-64-61
#43403d

唐

齐胸衫裙

［唐·女子］

初唐女子齐胸衫裙装束
下身着 袴—齐胸裙
上身着 衫—帔帛
双垂髻
对襟短衫
帔帛
齐胸裙

齐胸衫裙配色

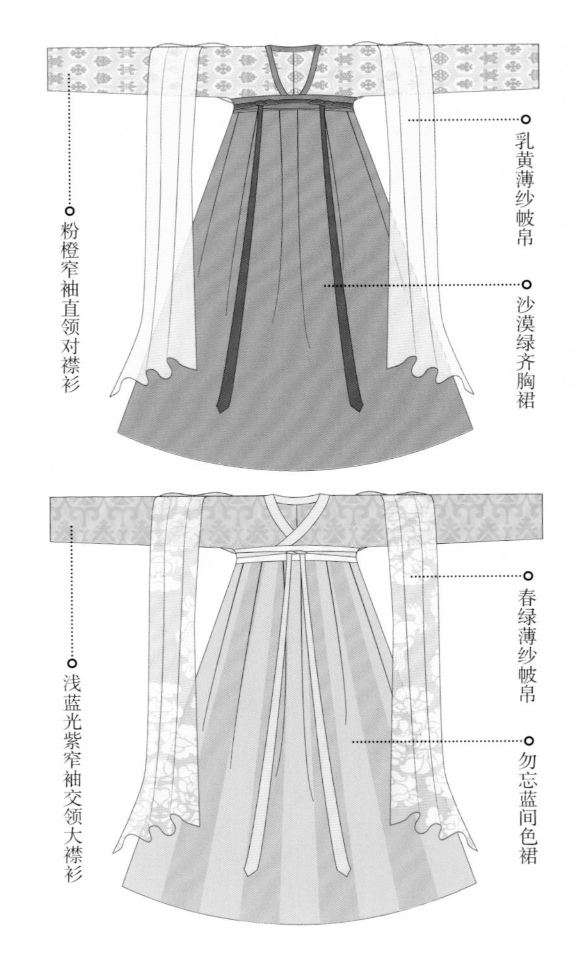

发髻

双鬟望仙髻

将头发分成两股，用丝绦束缚成环形，高耸于头顶或头的两侧，有瞻然望仙之状。

双垂髻

将头发分成两部分，在头的两侧各盘一个垂髻，少女、侍女、童仆等都梳此发式。

面妆

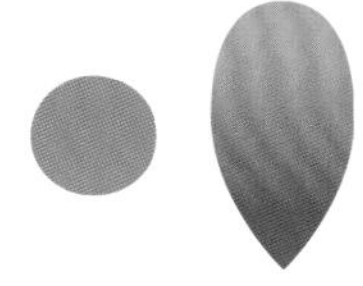

花钿

唐代时期花钿的样式繁多，不同时期的造型皆不同。初唐时期的样式多为简易的圆形、滴珠形。

立狮宝花纹

纹\样\简\介

立狮宝花纹出自藏于中国丝绸博物馆的“立狮宝花纹锦”，该锦为“陵阳公样”在唐代流行的典型代表。该锦采用辽式斜纹纬锦组织结构，是西域传入的团窠联珠环内的动物纹样与中国审美的花卉纹样相结合的产物。

立狮宝花纹锦

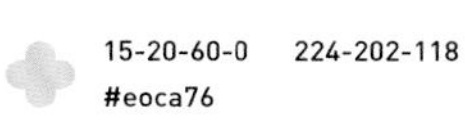

15-20-60-0　224-202-118
#eoca76

25-40-85-0　201-159-57
#c99f39

胡服

［唐·女子］

初唐女子胡服装束

下身着 袴—裙

上身着 翻领窄袖长袍

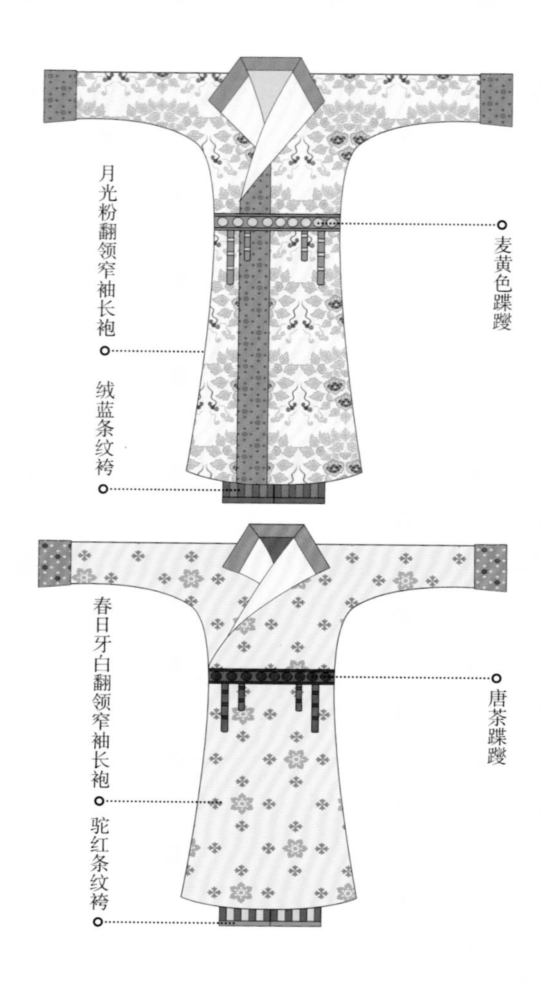
月光粉翻领窄袖长袍
麦黄色蹀躞
绒蓝条纹袴
春日牙白翻领窄袖长袍
唐茶蹀躞
驼红条纹袴

金镶珠宝项链

由28颗镶宝石的金珠串成。项链上部有金搭扣，扣上镶刻有鹿纹的蓝宝石；下部为项坠，项坠分为两层，上层的坠座是由两个镶蓝宝石的四角形饰片和一个环绕金镶蚌珠的宝石花组成，下层为系挂在坠座下面的滴露形蓝宝石。

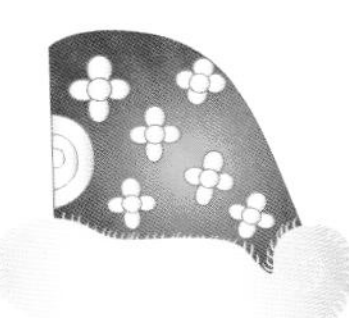

胡帽

唐代妇女骑马外出时所戴的不障面之帽，常与翻领窄袖长袍搭配，单独戴胡帽的情况非常少见。

联珠对马纹

纹＼样＼简＼介

联珠对马纹是唐代联珠纹锦中具有代表性的纹样之一。受波斯萨珊王朝纹饰的影响，联珠纹展现形式多样，且极具异域风采。联珠对马纹带有激情、奔放、忠诚、优雅和灵动之意，具有事业有成、财运亨通、学业有成等美好寓意。

联珠对马纹锦

0-10-10-0 #fdede4	253-237-228
5-65-90-0 #e77722	231-119-34
0-80-90-0 #ea5520	234-85-32
60-0-50-0 #66bf97	102-191-151
65-20-30-0 #5aa4ae	90-164-174
75-85-0-0 #5c3a93	92-58-147

圆领长袍

[唐·女子]

初唐女子圆领长袍装束

下身着　窄口袴

上身着　圆领长袍

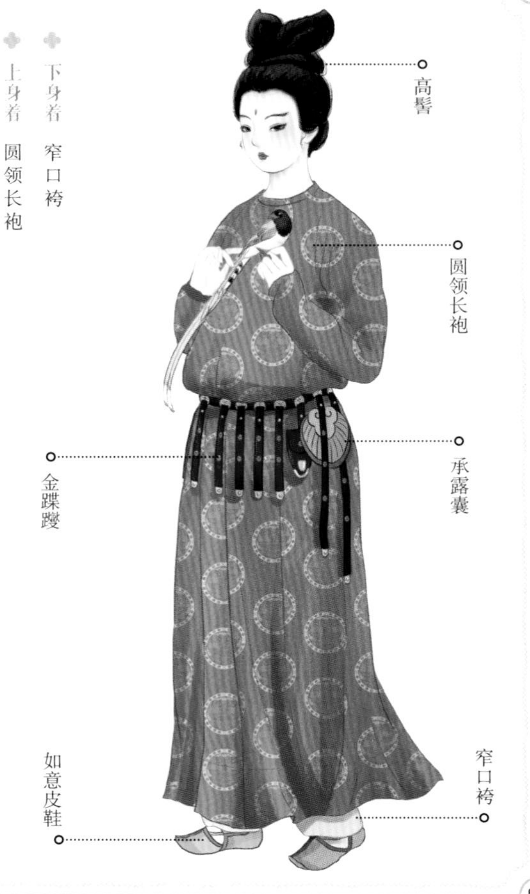

圆领长袍配色

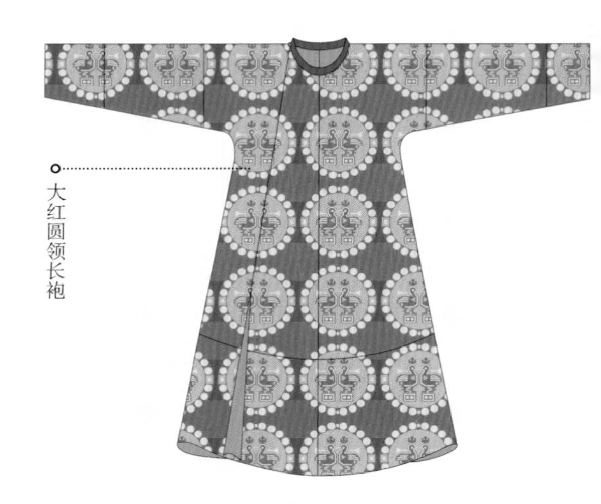

衣香鬓影

发髻

单髻 / 双髻

唐代女子日常发式为将头发束好挽于头顶，可以梳单髻或双髻。整体样式小巧简洁，以便添加其他首饰与假发进行装饰。

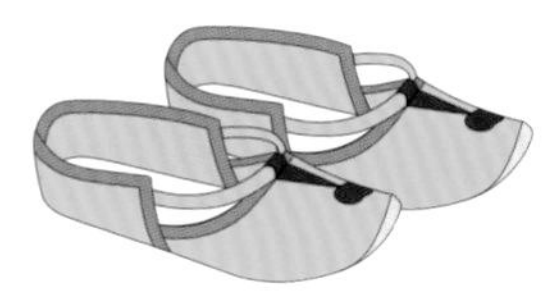

如意皮鞋

出土于吐鲁番古墓，浅口平底，鞋头微翘，鞋面用皮革制成，上面有如意形装饰，鞋底为棉布材质，两侧有三角形镂空，方便透气，适合夏季穿着。

蹀躞

隋唐时期出现的一种功能型腰带，古代革带的一大分类。皮革制成，起束腰作用，是装有挂带或具有明显的悬挂物品功能的腰带。

联珠团窠花树对鹿纹

纹＼样＼简＼介

出自“朵花团窠对鹿纹夹缬绢幡头”上的纹样，是联珠团窠纹的一种。唐代时期文化大融合，开始出现具有西亚特征的鹿纹，通常与联珠团窠纹一起出现，有单鹿纹和对鹿纹两种样式，其中对鹿纹更为常见，且有健康长寿、俸禄不断、财运滚滚等吉祥美好的寓意。

朵花团窠对鹿纹夹缬绢幡头

CMYK	RGB	HEX
0-10-10-0	253-237-228	#fdede4
0-40-75-0	246-173-72	#f6ad48
40-0-40-0	165-212-173	#a5d4ad
50-0-30-0	133-203-191	#85cbbf
10-95-85-0	217-39-43	#d9272b

襦裙
[唐·女子]

初唐女子襦裙装束

下身着 裈—袴—裙

上身着 襦—衫—帔帛

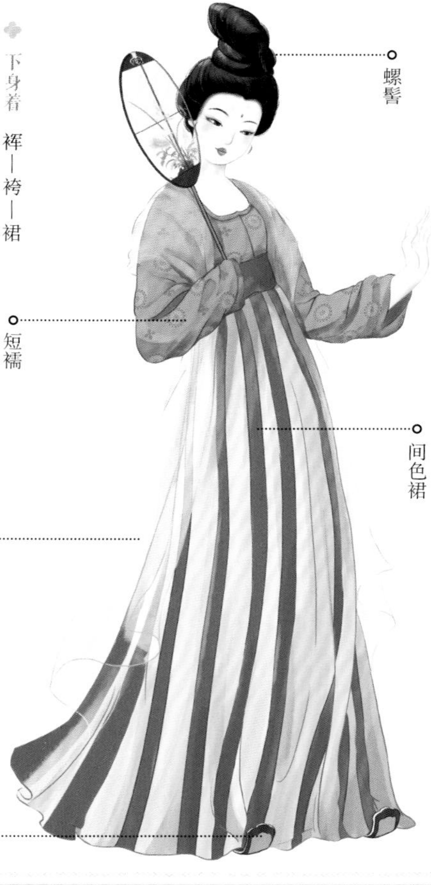

螺髻

短襦

间色裙

帔帛

高头履

襦裙配色

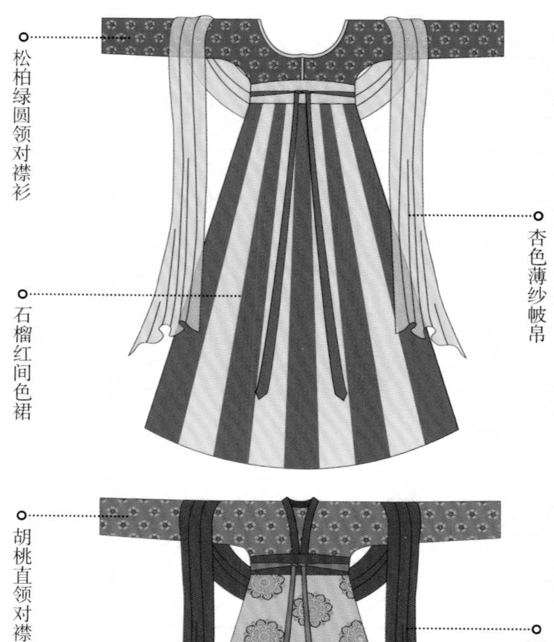

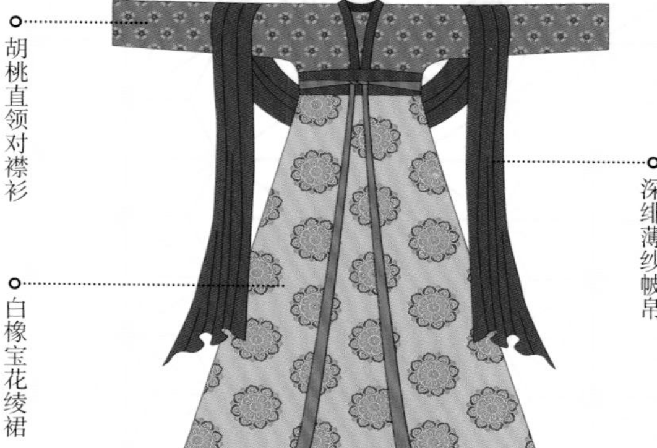

发髻

螺髻

发髻反复盘叠置于头顶，因形状如螺而得名。

半翻髻

将头发向上梳于头顶，再向前或向后翻绾形成的一种高髻，还可细分为单刀半翻髻、双刀半翻髻。

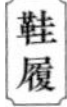

鞋履

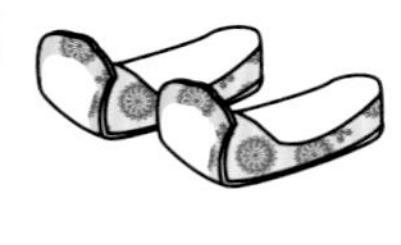

笏头履

一种造型为高头的鞋履。履头高翘呈笏板状，顶部为圆弧形，故称笏头履。始于南朝，隋唐时期是妇女常用鞋履。

联珠纹

纹＼样＼简＼介

联珠纹是由一个个小圆珠围成圆形、方形或其他多边形的圈带，用以包围主题纹样，成为联珠圈，常作为边饰，是唐代时期最重要的装饰纹样之一。

联珠纹锦

CMYK	RGB	HEX
5-20-50-0	243-210-140	#f3d28c
10-90-60-0	217-55-75	#d9374b
30-80-60-0	186-80-84	#ba5054
75-55-75-15	75-79-75	#4b614b
85-75-50-15	55-69-94	#37455e

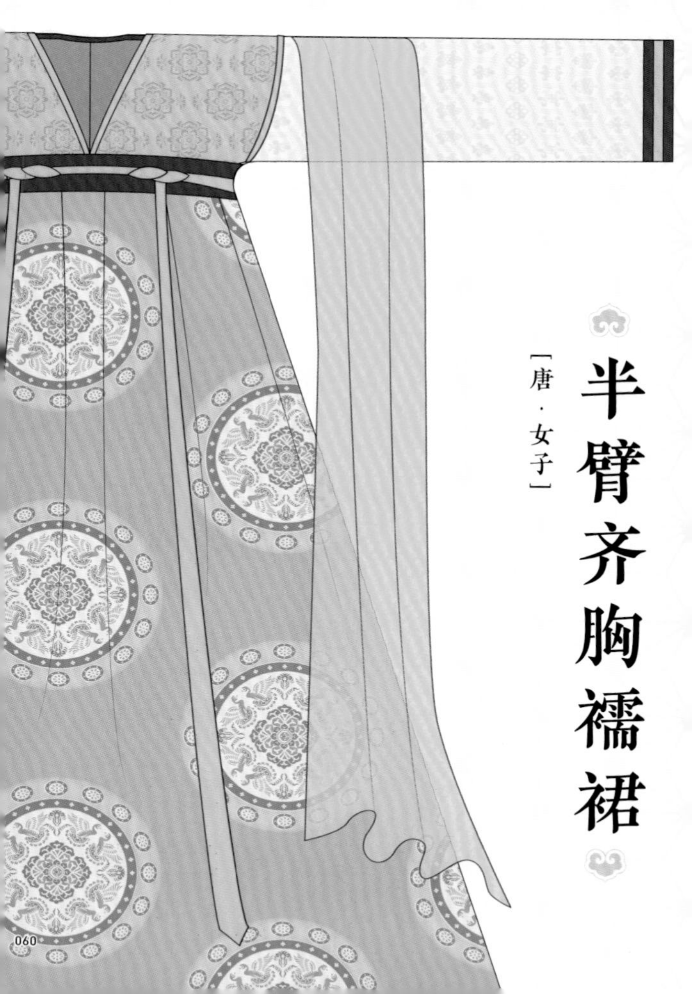

半臂齐胸襦裙

［唐·女子］

盛唐女子半臂齐胸襦裙
下身着 袴—齐胸裙
上身着 衫—背子—帔帛
对襟背子
大襟窄袖衫
帔帛
齐胸裙

半臂齐胸襦裙配色

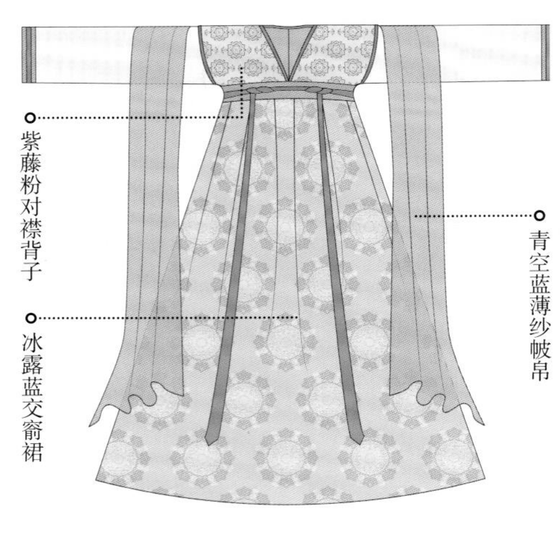

配饰

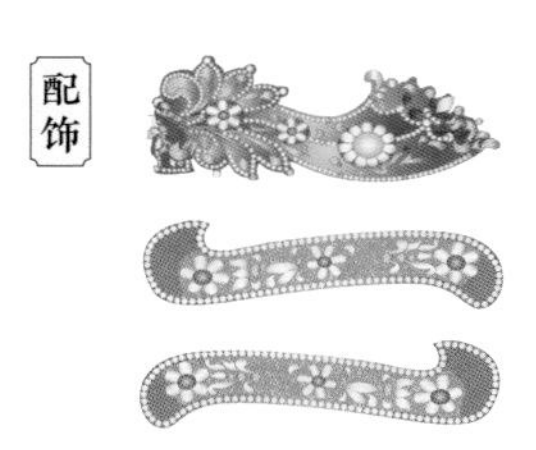

面妆

博鬓

古代妇女的一种发饰。在佩戴花冠时，为了将其戴稳，可将两枚有华丽装饰的长簪或长钗分别插在花冠两侧，这类饰物名为"博鬓"。

斜红

古代女子的一种特殊面饰。女子梳妆时，在眼角两旁各画一条竖起的红色新月形。唐代的斜红经历了由初唐时垂直伤痕状，到盛唐时云形、花形等繁复样式，再到开元年间再度简化的演变过程。

配饰

钿头钗

盛唐时期宫廷女子中流行的一种头饰样式。金钗的钗梁间以金丝勾勒出繁复的花纹。

朵花团窠对雁纹

纹 \ 样 \ 简 \ 介

朵花团窠对雁纹盛行于唐代中期，是唐代团窠纹中典型的纹样之一。其结构形式受波斯萨珊王朝及当时出口贸易的影响，由联珠纹演变而来，是祥瑞富贵的象征。其不仅是在丝绸之路文化大融合背景下形成的极具包容性、时代性的纹样代表，也是唐代政治、经济、文化发展的重要映射。

朵花团窠对雁纹夹缬绢幡头

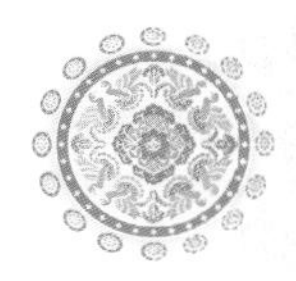

CMYK	RGB
5-10-25-0 #f5e8c8	245-232-200
10-60-5-0 #de82ad	222-130-173
50-20-0-0 #86b3e0	134-179-224
70-40-0-0 #5185c5	81-133-197

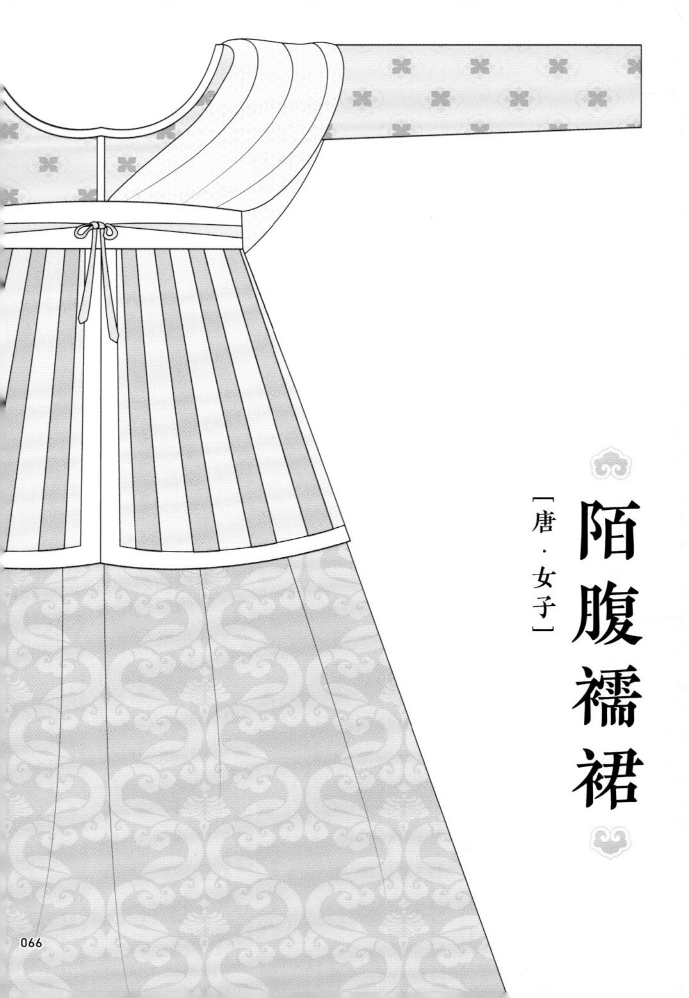

陌腹襦裙

[唐·女子]

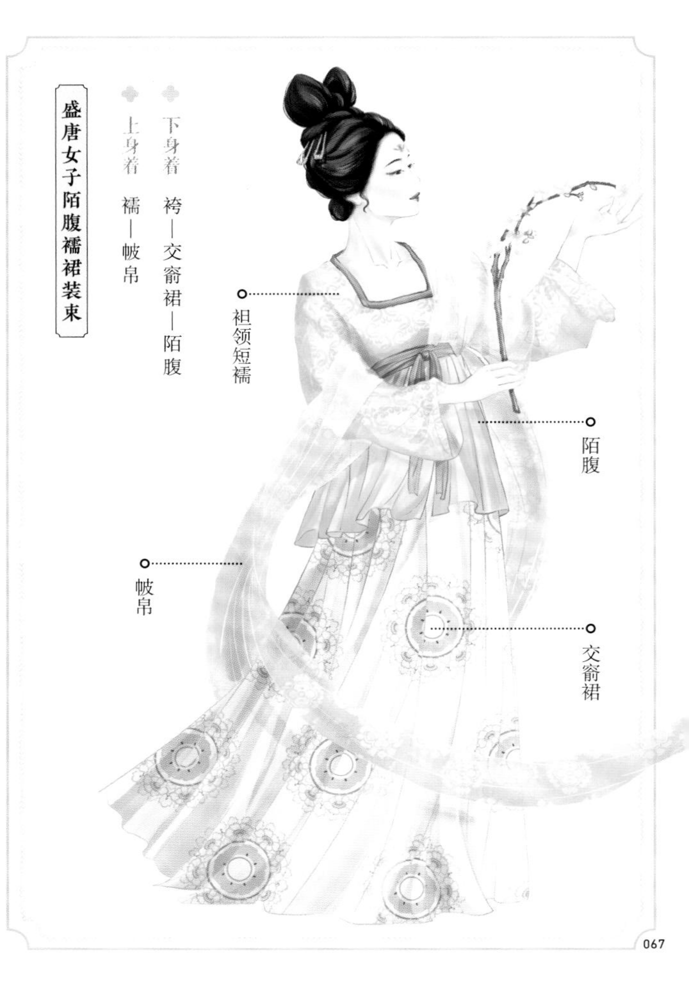
盛唐女子陌腹襦裙装束
下身着 袴—交窬裙—陌腹
上身着 襦—帔帛
袒领短襦
陌腹
帔帛
交窬裙

陌腹襦裙配色

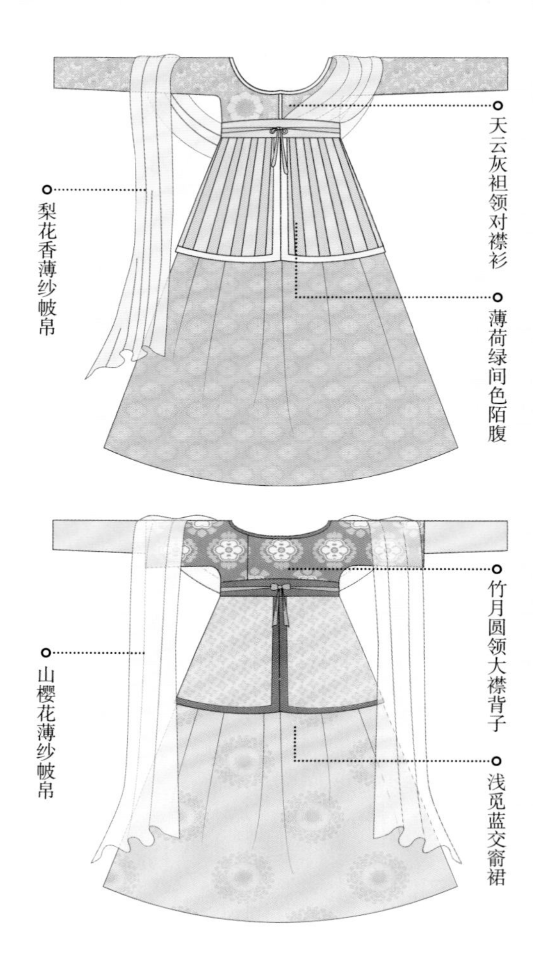

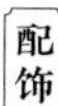

金珠水晶项链

唐代人常称项链为“项璎”或“珠璎”，即用丝线将各式珠子串起的珠链。珍珠与水晶在当时常被用作串珠，加以金饰串成珠璎。

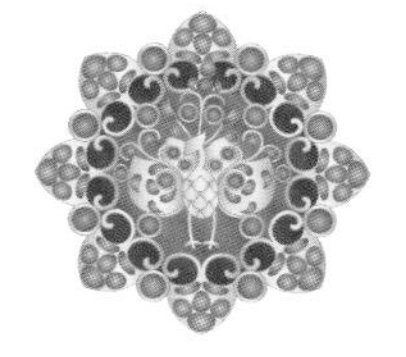

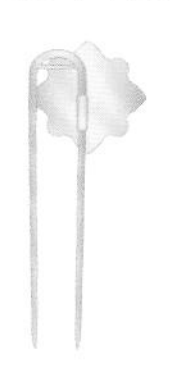

镶宝金雀钿

金花钿

宫廷女子中流行的头饰样式。钿子上面的装饰叫花钿，由一些宝石金饰组成，将钿花与钗结合可以插在女子发髻上作为发饰，是盛唐时期最具特色的首饰之一。

花钿

花钿是眉额中间的一种装饰，分为直接用颜料绘图形于额上，或用胶水将预先制好的花钿贴于额上两种。不同时期流行不同的花钿形状，盛唐时期花钿的形状逐渐变得夸张繁复。

卷草纹

纹＼样＼简＼介

卷草纹是唐代时期具有时代特征的标志性纹样之一。这种纹样又称“唐草纹”，象征着绵延不断、步步高升，在唐代备受人们喜爱。卷草纹多以牡丹、石榴、荷花、菊花、兰花等的枝叶作为纹样主体。直至明清时期，卷草纹风格趋向繁复、纤弱，失去了唐代的生气。

CMYK	RGB
0-5-30-0 #fff3c3	255-243-195
25-0-0-35 #95afbc	149-175-188

半臂襦裙

【唐 · 女子】

盛唐女子半臂襦裙装束
下身着 袴—裙
上身着 衫—半臂—帔帛
对襟半臂
帔帛
直领大襟衫
交窬裙
直裾深衣

半臂襦裙配色

女郎花直领对襟半臂
蛋壳色薄纱帔帛
沙漠绿交窬裙

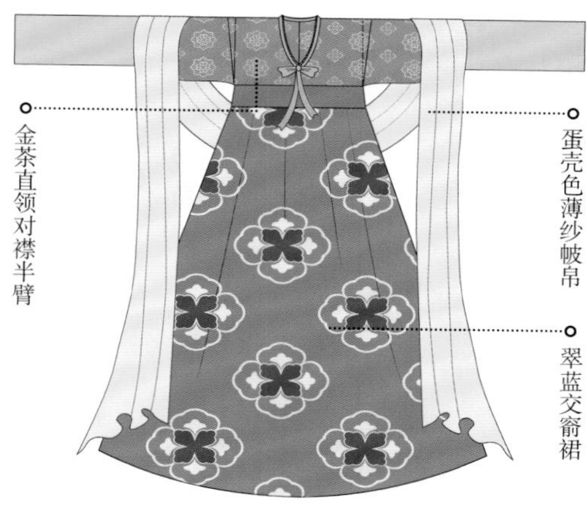
金茶直领对襟半臂
蛋壳色薄纱帔帛
翠蓝交窬裙

衣香鬓影

配饰

对孔雀衔花冠子

主体是一双以金丝编结的、相对而立的孔雀翅羽与尾羽，中央为一个金丝缠绕的宝石花环，最下方的长条基座为莲台形，用垂坠的宝石珠装饰而成。

花钿

唐代是花钿使用的鼎盛时期，在这一时期，女子面部的妆饰也增加了多种颜色和形状。

唇妆

初唐时，唇形以纤小、秀美为风尚。画唇妆时用指尖挑起一点唇脂，点于唇上勾出唇形。

联珠鸾凤纹

纹＼样＼简＼介

唐代的凤鸟纹常成对出现，被称为“鸾凤”，盛行于中唐时期。自古以来，凤凰在人们心中的地位逐渐从远古时期的神鸟、仙鸟转变为瑞鸟、祥鸟，是华贵、进取、太平的象征。

联珠鸾凤纹锦

0-15-25-0	252-226-196	#fce2c4
20-30-60-0	212-181-114	#d4b572
25-55-85-0	199-131-55	#c78337
50-70-100-20	130-81-33	#825121
65-75-95-45	77-52-28	#4d341c
65-85-85-50	72-36-30	#48241e

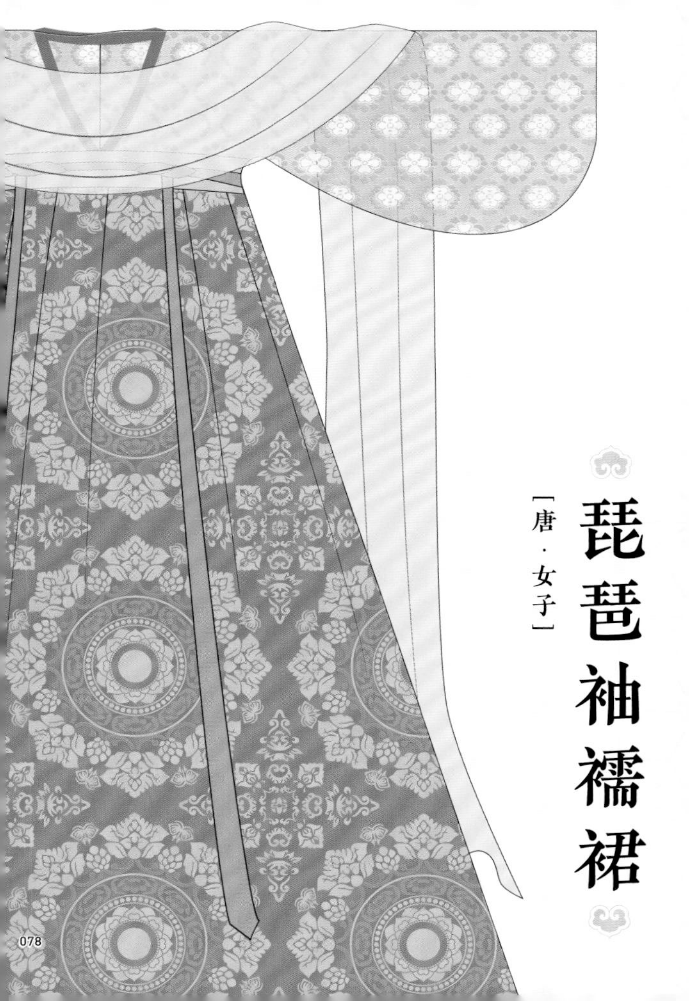

琵琶袖襦裙

[唐·女子]

中唐女子琵琶袖襦裙

下身着 袴—裙

上身着 衫—帔帛

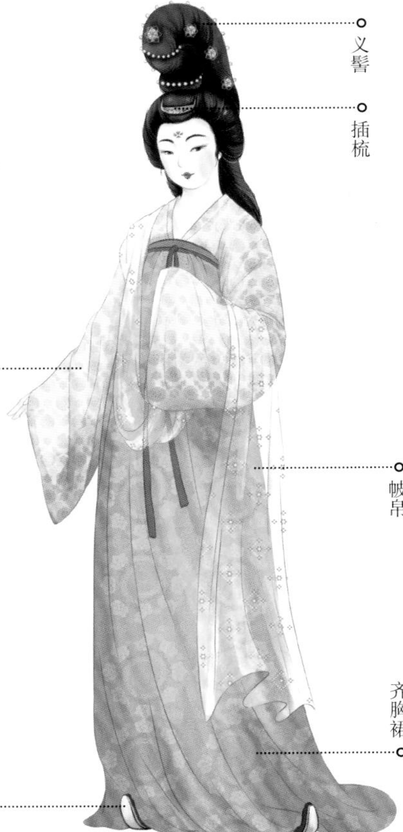

义髻

插梳

对襟琵琶袖衫

帔帛

齐胸裙

小头履

琵琶袖襦裙配色

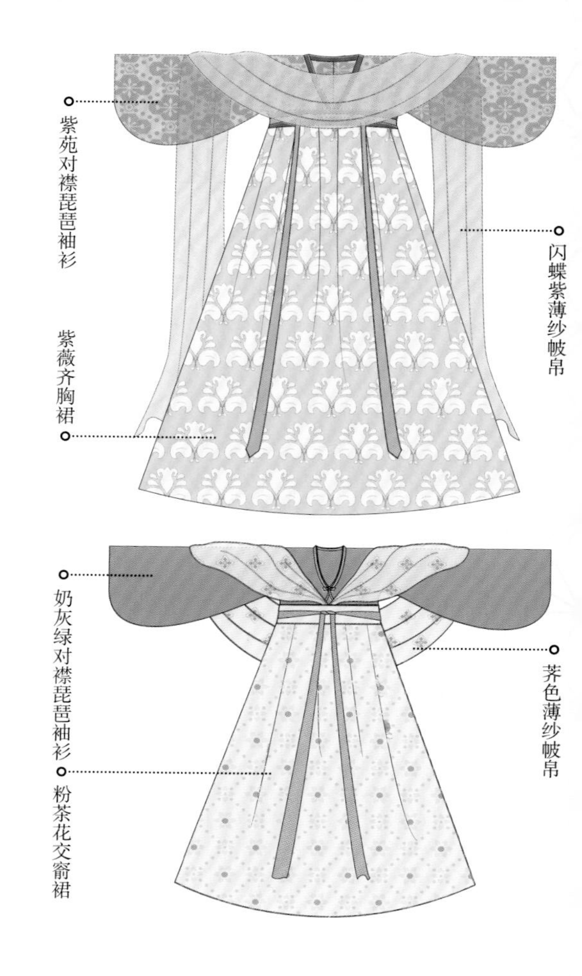
紫苑对襟琵琶袖衫
紫薇齐胸裙
闪蝶紫薄纱帔帛
奶灰绿对襟琵琶袖衫
粉茶花交窬裙
荠色薄纱帔帛

衣香鬟影

发髻

云髻

发型宽广如云，便于插各类精美的发簪、钗梳，在中晚唐时期颇为流行。

偏梳髻

传说由杨贵妃创制，两鬓蓬松隆起，后发垂颈再上挽。

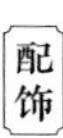

孔雀双飞小山钗

此头饰为小鸟、小山形饰物的组合，簪头只在中心花朵、飞鸟、蜂蝶和边缘轮廓等处鎏金，金银相间，颇为细致。工艺材质也比插梳更加轻薄，可以直接用簪钗挂在发髻中间。

蝶绕繁花团窠纹

纹 \ 样 \ 简 \ 介

蝶绕繁花团窠纹属于团窠纹的一种。团窠纹又称“团花纹”，是一种纹样骨架结构。窠，意为鸟、兽、昆虫的巢。因而团窠纹就是纹样元素聚拢起来形成的似鸟巢的纹样。蝴蝶意为“福迭”，繁花意为“富贵”，该纹样不仅体现了花蝶纹的传统内涵，更体现了富贵纳福、吉祥幸福的美好寓意。

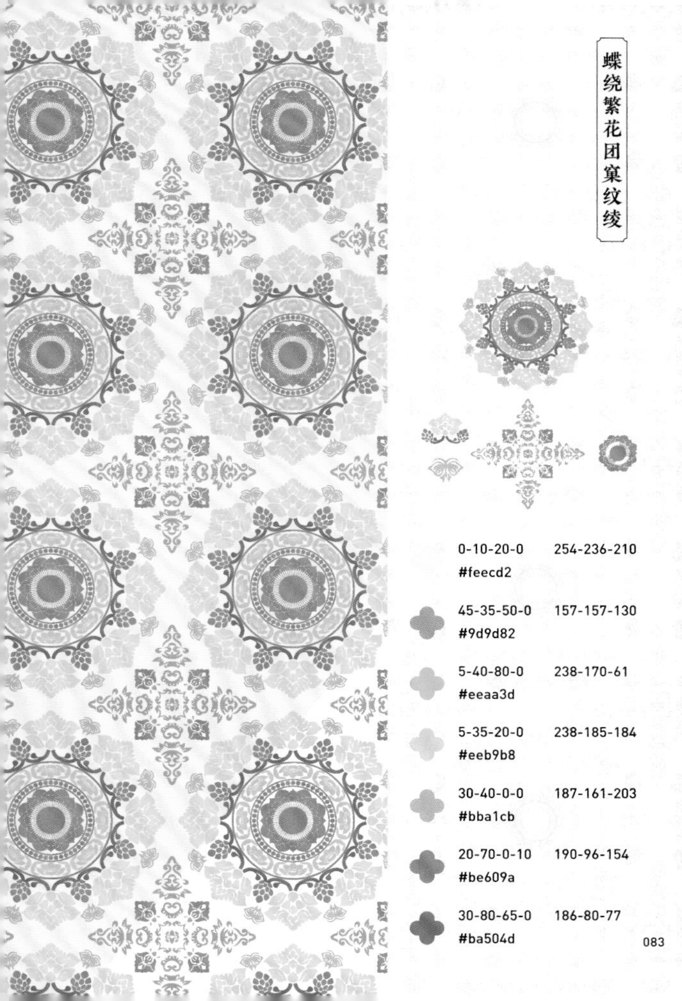

蝶绕繁花团窠纹绫

0-10-20-0	254-236-210	#feecd2
45-35-50-0	157-157-130	#9d9d82
5-40-80-0	238-170-61	#eeaa3d
5-35-20-0	238-185-184	#eeb9b8
30-40-0-0	187-161-203	#bba1cb
20-70-0-10	190-96-154	#be609a
30-80-65-0	186-80-77	#ba504d

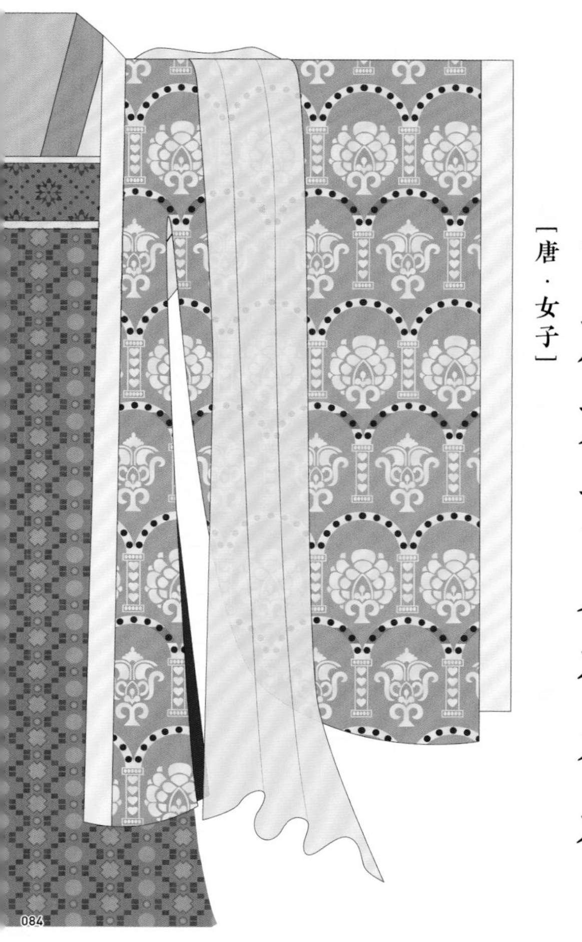

贵族妇女大袖衫裙

【唐·女子】

晚唐贵族妇女大袖衫裙装束
下身着 袴—裙
上身着 襦—衫—帔帛
齐胸裙
帔帛
大袖衫

贵族妇女大袖衫裙配色

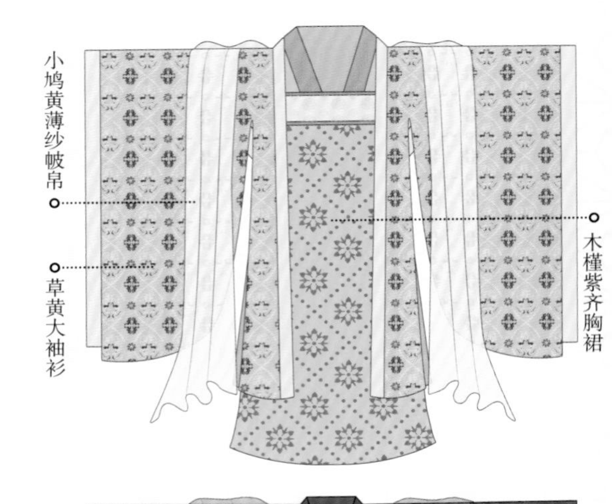

衣香鬓影

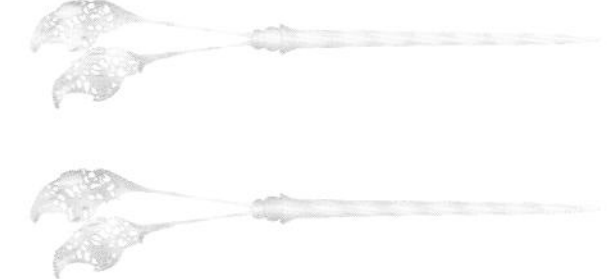

花钗

晚唐时期，由于国力衰颓，贵妇们无力置办华丽的花树式花钗，便将金银头钗作为礼服装饰的替代品。这一时期，民间女子的首饰出现了仿制花钗的现象。

小山形饰件

这种恰似小山形的饰件流行于晚唐时期，是从插梳发展而来的，省略梳齿，仅起装饰作用。

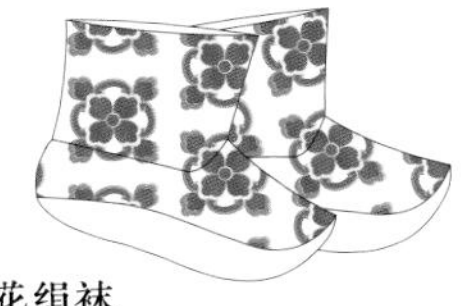

宝花绢袜

古代人把袜子称为“足衣”，用皮革、丝帛、麻布等面料制作，样式十分简单，而这种饰有宝相花纹的绢袜是唐代特有的样式。

云头履

从笏头履演化而来，样式肥阔端庄、美观大方。

花树纹

纹 \ 样 \ 简 \ 介

出自“花树纹锦”上的纹样，由联珠纹演变而来，是唐代重要的装饰性纹样，整体给人以庄重稳定之感，也是生命恒久、永不枯萎的精神体现，又被赋予了吉祥、长寿的含义。

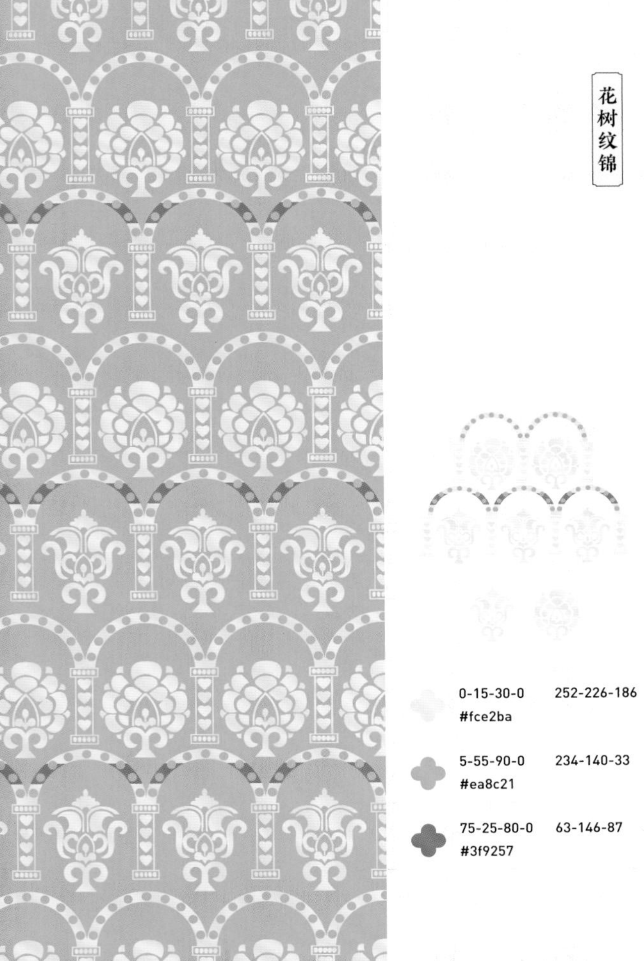

花树纹锦

0-15-30-0　252-226-186
#fce2ba

5-55-90-0　234-140-33
#ea8c21

75-25-80-0　63-146-87
#3f9257

宋

襦裙

［宋·女子］

宋代女子襦裙装束
下身着 袴—裙
上身着 衫—帔帛
包髻
窄袖交领衫
帔帛
组条
长裙

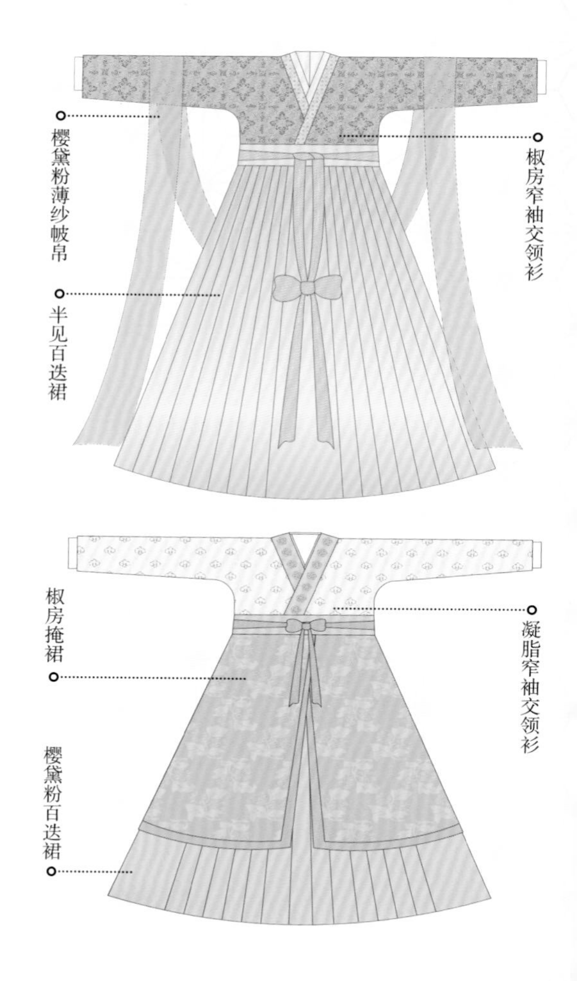
樱黛粉薄纱帔帛
椒房窄袖交领衫
半见百迭裙
椒房掩裙
凝脂窄袖交领衫
樱黛粉百迭裙

衣香鬓影

发髻

双丫髻　　**双垂髻**

“双丫髻”和“双垂髻”都是宋代尚未出嫁的少女常梳的发式，用丝绦束缚成形，高耸于头顶或头的两侧挽成双髻，展现出少女的可爱与青涩。

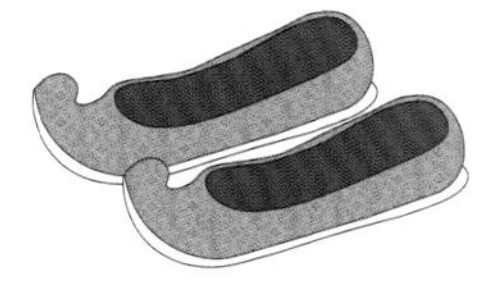

翘尖平底弓鞋

是古代汉族女鞋最常见的一种造型，因其鞋尖向上弯如弓而得名。自宋代汉族女子普遍缠足后，成为具有时代特色的一种女鞋。它以“瘦、尖、小”为主要造型特点，符合当时女性追求文弱、细瘦的审美观。

龟背球路纹

纹＼样＼简＼介

龟背球路纹是宋代球路纹中的典型代表之一，由唐代联珠纹、团花纹发展而来，底纹的六边形纹样与龟背相似，因而得名，在中国古代被视为长寿的象征。

龟背球路纹锦

0-0-30-5　249-243-193
#f9f3c1

5-0-65-0　249-241-114
#f9f172

0-25-100-0　252-200-0
#fcc800

15-50-85-0　218-146-51
#da9233

0-60-70-10　224-123-70
#e07b46

0-35-60-50　154-114-65
#9a7241

圆领窄袖长袍

［宋·女子］

宋代女子圆领窄袖长袍装束

上身着　衫——圆领窄袖长袍

下身着　裤

双垂髻

围腰

圆领窄袖长袍

圆领窄袖长袍配色

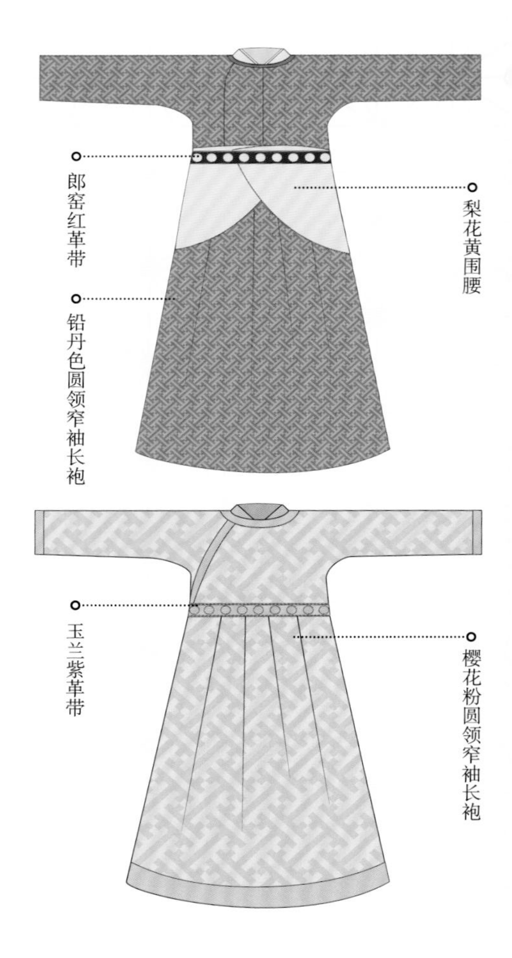
郎窑红革带
梨花黄围腰
铅丹色圆领窄袖长袍
玉兰紫革带
樱花粉圆领窄袖长袍

配饰

装饰性玉佩

两宋时期是中国玉文化发展的第二个高峰时期。玉佩纹饰主要有龙纹、螭纹、鸟纹、云纹，以及各种植物花果纹饰等。

环式香囊

在宋代，佩戴香囊已成为一种礼仪风尚。香囊形制多样，在传统香囊的基础上可演变制作出造型精美的金银香囊。

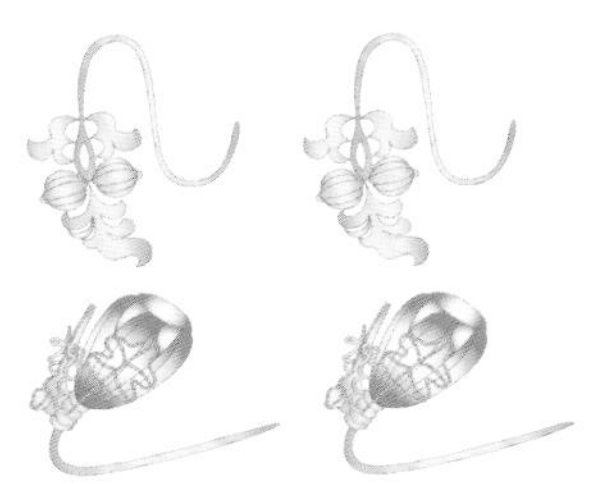

金枝叶瓜果耳环

宋代多以花卉、瓜果为题材制作耳饰，紫茄纹耳饰居多，有紫袍加身、高官得中、多子多福之意。

孔雀对羊纹

纹＼样＼简＼介

孔雀对羊纹，属于吉祥羊纹的一种。羊纹亦作“吉羊纹”，《说文解字》中有“羊，祥也”的记载，在古人心中羊有着善良、幸福、吉利、祥瑞等美好寓意。

孔雀对羊纹锦

25-15-25-0　201-207-193
#c9cfc1

0-35-25-0　246-188-176
#f6bcb0

0-25-50-20　216-177-119
#d8b177

0-65-75-0　238-121-63
#ee793f

35-100-85-0　176-30-53
#b01e32

短背子

［宋·女子］

宋代女子短背子装束
下身着 袴—裙—旋裙
上身着 抹胸—背子
抹胸
短背子
旋裙
百迭裙
宫绦

短背子配色

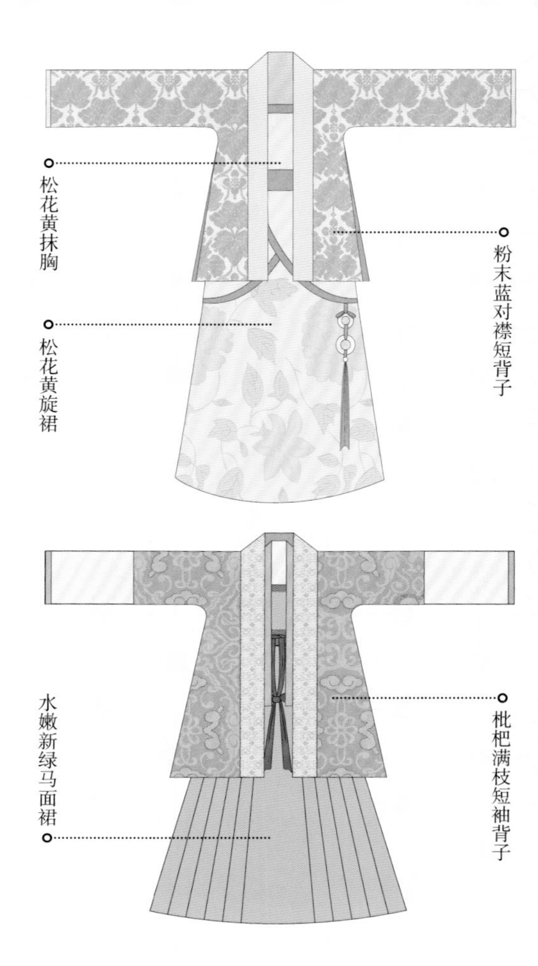

配饰

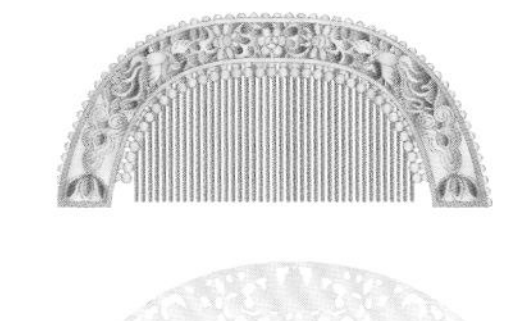

△ 步摇

宋代步摇多为金、银、玉石等质地，饰以玉、珍珠、宝石等花式，形制逐渐多样化，且形制与质地是等级与身份的象征。

△ 梳篦

简称“栉”，与簪、笄、钗、步摇等并称为中国古代八大发饰。插梳风尚在宋代达到鼎盛，梳篦是人手必备之物。

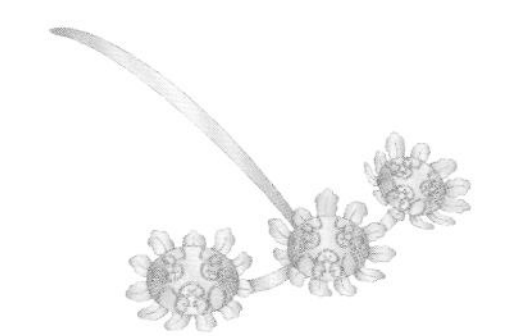

△ 三首桥梁簪

宋制金簪常成对出现，形制相同。此簪簪头为三个葵花花头，呈桥梁式排列，花头可为两只到多只，是宋元时期桥梁簪的一种样式。

茶花牡丹凌霄芙蓉纹

纹\样\简\介

该纹样属于缠枝纹的一种。缠枝纹是宋代织锦纹样的典型代表之一，又称“穿枝纹”“串枝纹”“蔓藤纹”，日本习惯称之为“唐草”。缠枝纹是在中国古代传统云气纹的基础上，糅合外来纹样的特质形成的。茶花牡丹凌霄芙蓉纹上下交错排列，组成两两相对的四方连续纹饰，寓意万寿无疆、绵延不断、生生不息。

茶花牡丹凌霄芙蓉纹锦

CMYK / HEX	RGB
5-5-40-0 #f7eead	247-238-173
0-30-80-0 #fac03d	250-192-61
25-30-60-0 #cab272	202-178-114
60-65-75-20 #6d5641	109-86-65
65-40-95-30 #556a2a	85-106-42

短袖背子

[宋·女子]

宋代女子短袖背子装束
下身着 袴—裙
上身着 衫—背子
包髻
短袖背子
百迭裙

短袖背子配色

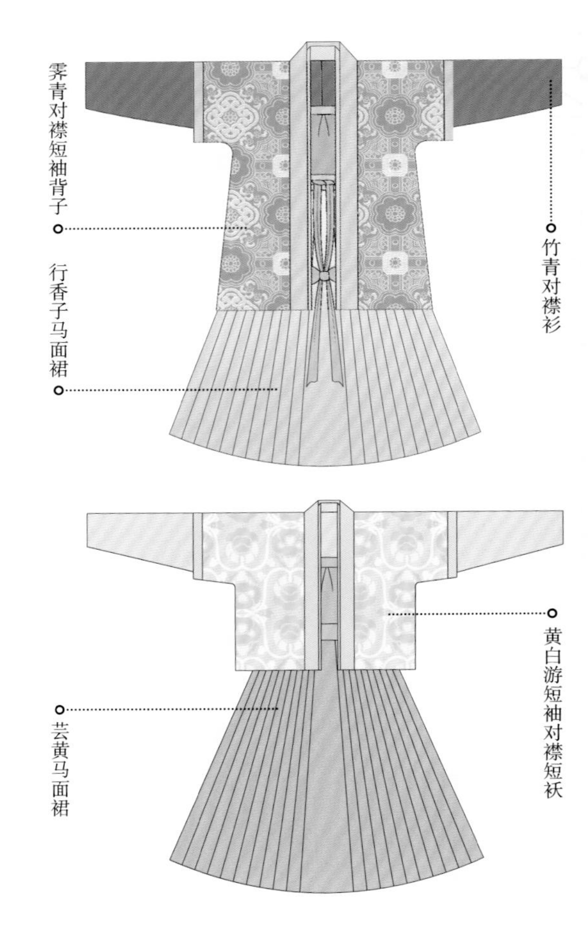

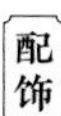

金镂空花筒簪

为宋代的一种创新首饰，它的制作工艺是在金片上镞镂出花纹，再制成锥形筒，最后以金片打制成簪顶，扣合为一体。佩戴时可直接插于发髻之上。

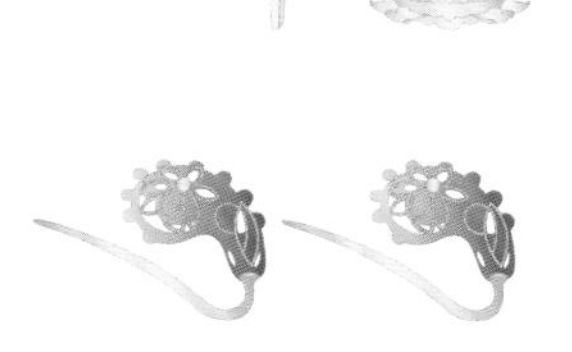

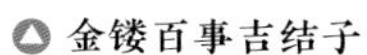

金镂百事吉结子

宋代时期，百事吉结子是用于相互馈赠的节令物品，样式及制作材料不一，既可以用五色线编结而成，还能用珠翠或镂银仿样制成。

金茄形耳环

主体框架为茄形，用金丝盘出朵花与卷草图案，由细密的金珠组成，脊部则饰有较大的金珠。

灵鹫球路纹

纹﹨样﹨简﹨介

球路纹又称“毬路纹”，是从唐代联珠纹发展演变而来的纹样。灵鹫球路纹是宋代球路纹中的代表纹样之一，融合了中西方装饰艺术的特点，具有波斯风格。图案中的龟背纹、方胜纹、联珠纹等几何纹，以及生命树、灵鹫等元素在创意上都追求着生生不息、健康长寿、八路相通等祥瑞之意。

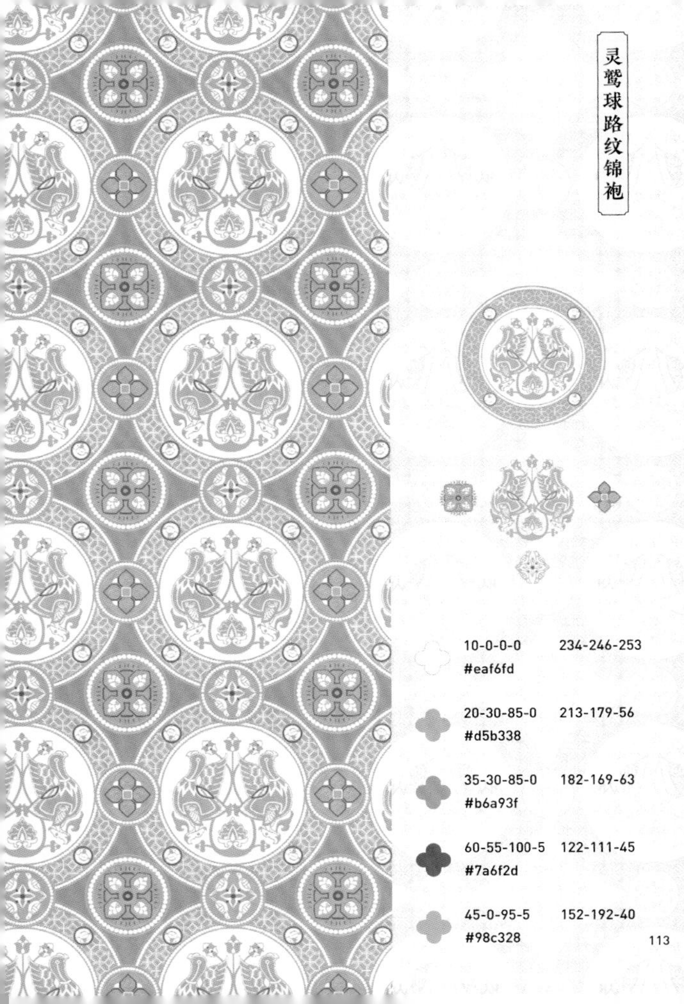
灵鹫球路纹锦袍
10-0-0-0 234-246-253
#eaf6fd
20-30-85-0 213-179-56
#d5b338
35-30-85-0 182-169-63
#b6a93f
60-55-100-5 122-111-45
#7a6f2d
45-0-95-5 152-192-40
#98c328

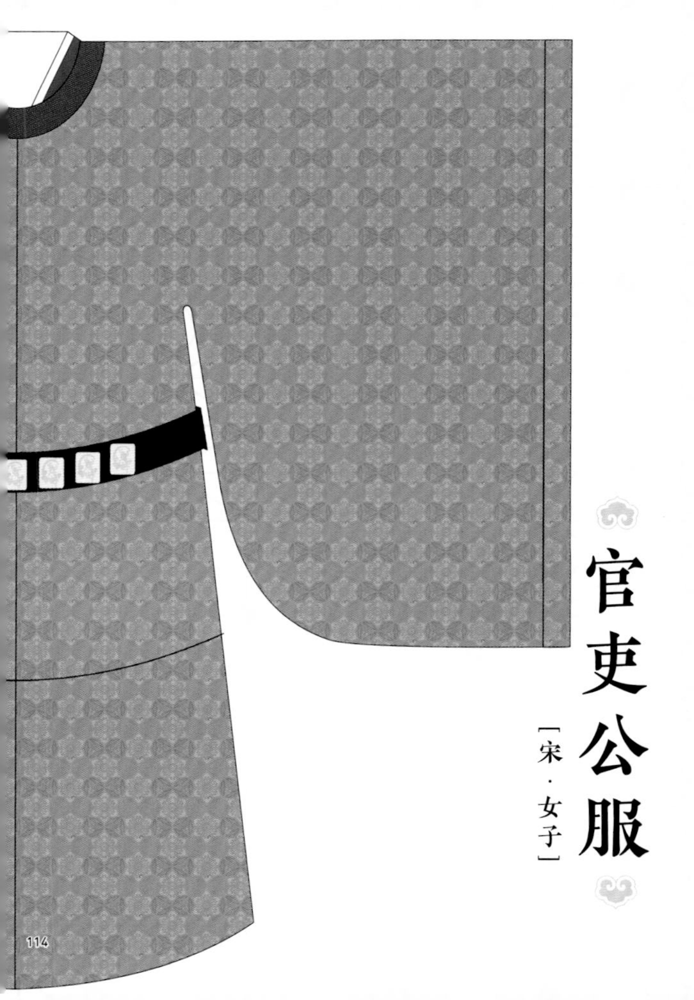

官吏公服

［宋·女子］

宋代官吏公服装束

上身着 衫—圆领大袖袍

下身着 袴

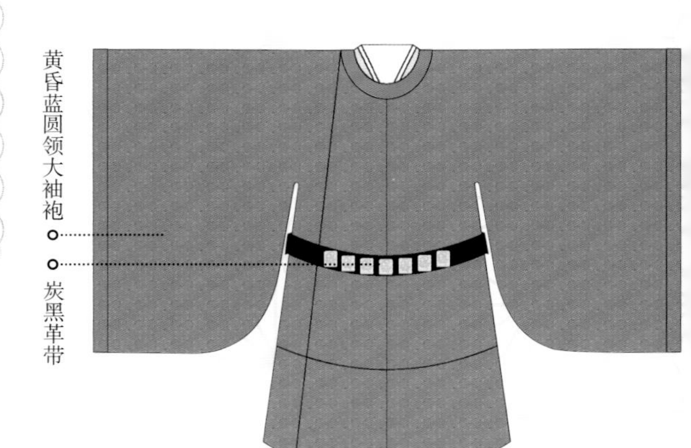
黄昏蓝圆领大袖袍
炭黑革带

朱瑾色圆领大袖袍

衣香鬟影

交脚幞头

仆从、公差或身份低下的乐人，多用交脚或局（曲）脚幞头。

高装巾子

造型高且方正的巾帽，是宋代文人平时喜爱佩戴的帽子。

展脚幞头

是宋代时期朝服的首服，内衬木骨，外罩漆纱。

革带

穿公服时所戴的革带，是区别官职的重要标志之一。使用时根据官品等级戴不同颜色的革带。

八达晕纹

纹＼样＼简＼介

八达晕，又写作“八答晕”或“八达韵”，此类纹锦唐代已开始生产，发展盛行于宋、明、清三代。这类图案源于我国宫殿和寺庙建筑中的彩绘装饰，是中华民族装饰图案在锦缎上的艺术体现，有八路相通、飞黄腾达等吉祥之意。

CMYK	RGB	HEX
5-10-30-0	245-231-190	#f5e7be
20-40-60-5	204-159-104	#cc9f68
25-85-75-10	182-65-57	#b64139
65-10-60-0	91-174-127	#5bae7f
65-40-80-0	108-134-80	#6c8650
70-35-20-10	75-132-166	#4b84a6

窄袖长背子

[宋·女子]

宋代女子窄袖长背子装束
下身着 袴—裙
上身着 抹胸—背子
单蟠髻
长裙
窄袖长背子

窄袖长背子配色

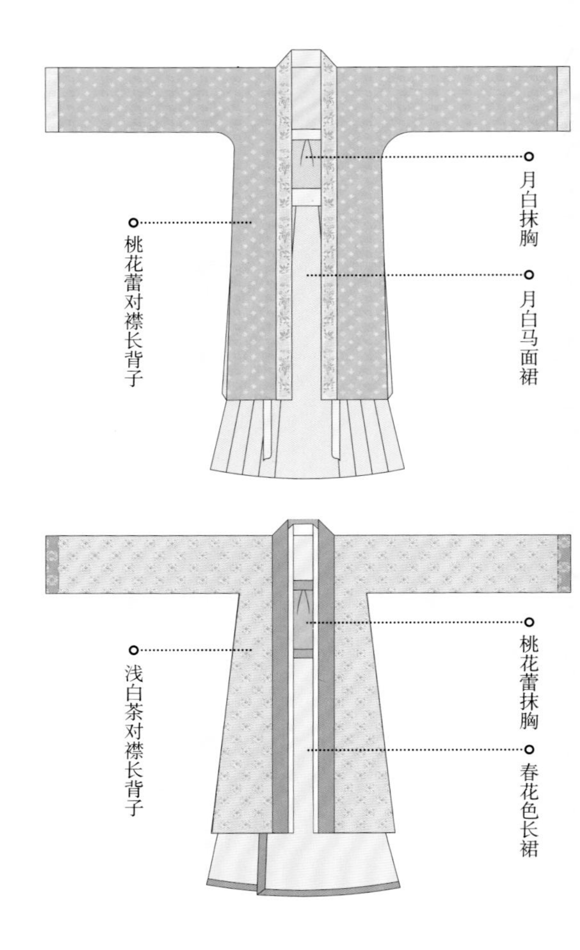
月白抹胸
桃花蕾对襟长背子
月白马面裙
桃花蕾抹胸
浅白茶对襟长背子
春花色长裙

衣香鬓影

发髻

双蟠髻

又名龙蕊髻，有些像压扁的鬟髻，扎以彩缯，是宋代女子的常用发式。

三丫髻

用一条垂着珍珠的头须（头绳）勒着，或是系红罗头须，垂以珠串。

鞋履

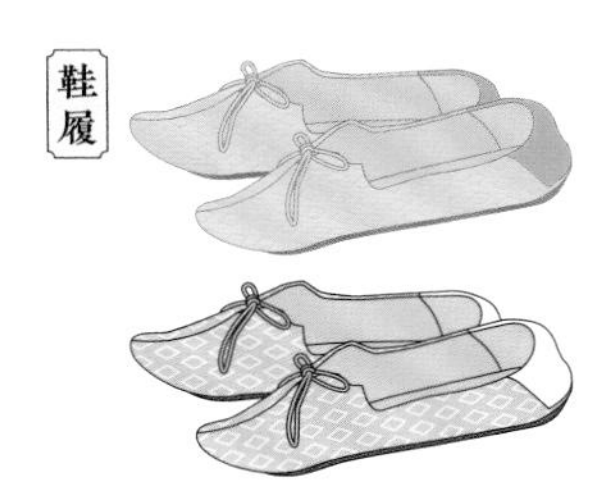

朝天髻

朝天髻没有发环，属于高髻。宋代女子喜爱梳这种简单优雅的发髻。

丝麻履

是宋代文人雅士的鞋履，很精致。这两双丝麻履，面料素雅，制作精良。

鸾鹊花纹

纹 \ 样 \ 简 \ 介

鸾鹊花纹提取于名叫“紫鸾鹊谱”的宋代著名缂丝，以多种花鸟为主要展现形式。这类禽鸟纹饰为北宋贵重织物常用纹样，在中国古代象征圣贤、吉祥如意、和谐美好等。

0-10-10-0	253-237-228	#fdede4
5-20-10-0	241-216-217	#f1d8d9
20-30-60-5	206-176-110	#ceb06e
65-5-45-0	83-181-158	#53b59e
25-60-0-40	140-86-127	#8c567f

贵族妇女大袖衫

［宋·女子］

宋代贵族妇女大袖衫装束

下身着 袴—裙

上身着 抹胸—背子—大袖衫

双丫髻

大袖衫

褶裥裙

贵族妇女大袖衫配色

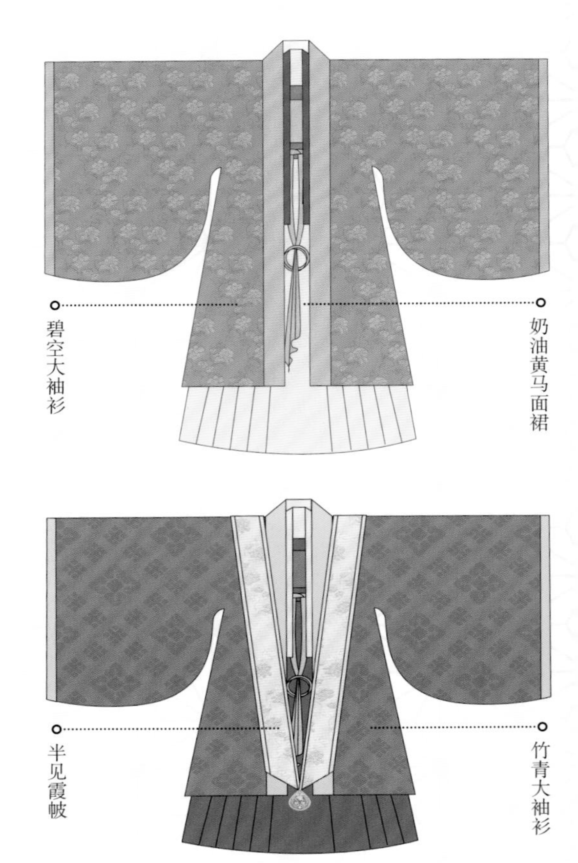

配饰

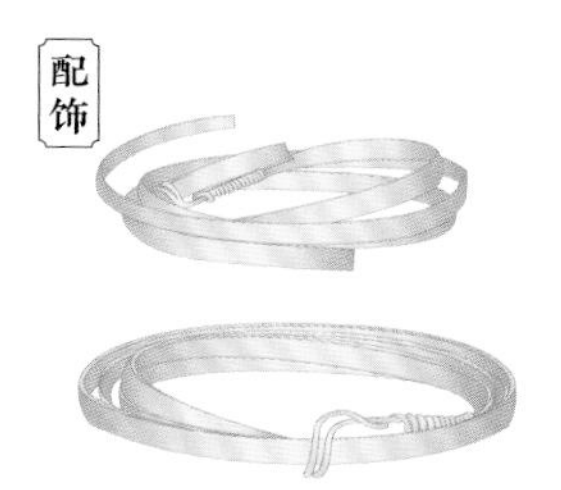

金钏

由金丝缠绕而成，可作为定情之物，是宋代婚嫁三金（金钏、金镯、金帔坠）之一。可根据手臂的粗细调节松紧，俗称“缠臂金”。

金帔坠

宋代金帔坠形状多样，上饰有龙凤、花卉等纹样。顶部有一个小孔，被用于挂置在霞帔上，起固定作用，显得大气端庄。

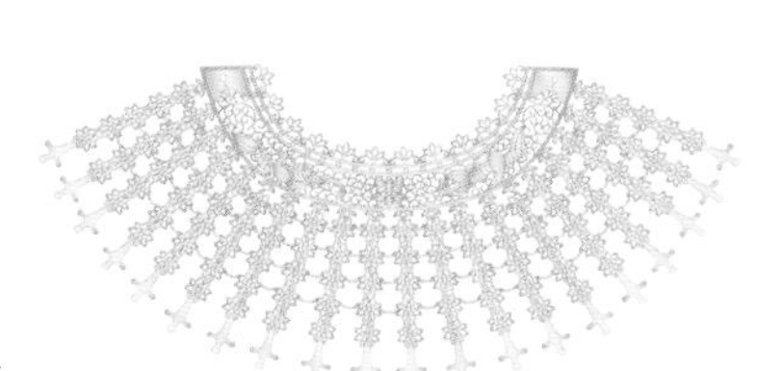

金帘梳

在宋代是深受喜爱的新式配饰，佩戴时插于前额发髻或双鬟，花网自然披垂如帘，行走间极具灵动之美。

对鹿纹

纹＼样＼简＼介

对鹿纹取自一件名为“蓝地对鹿纹锦”的斜纹织物上的纹样，是宋代织锦纹样中鹿纹的典型代表之一。鹿在古代寓意爱情幸福、多子多福等，承载了人们对美好生活的追求。

对鹿纹锦

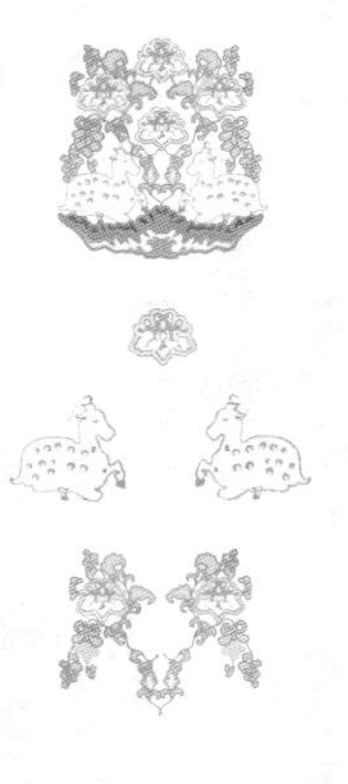

CMYK	RGB
5-10-15-0 #f4e9db	244-233-219
20-45-90-0 #d2982a	210-152-42
25-75-80-10 #b75636	183-86-54
45-0-35-0 #96d0b6	150-208-182
70-30-40-0 #509296	80-146-150
75-10-35-0 #00a7ac	0-167-172

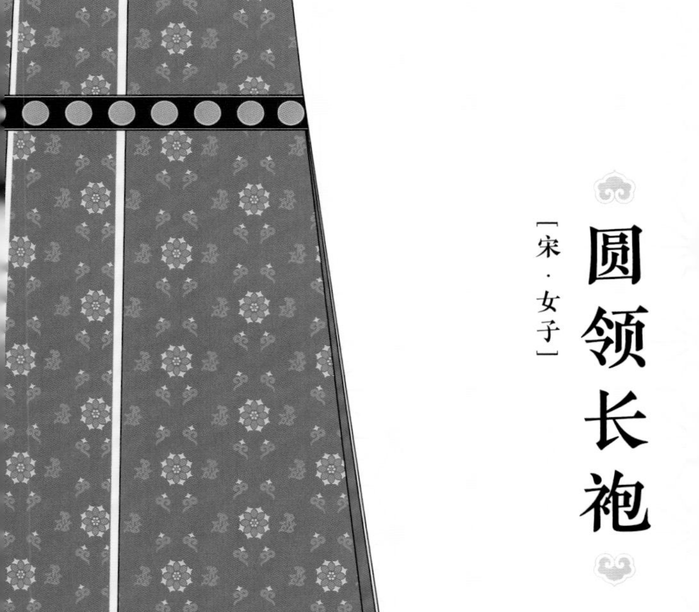

圆领长袍

[宋·女子]

宋代女子圆领长袍装束

上身着　圆领长袍

下身着　袴

圆领长袍配色

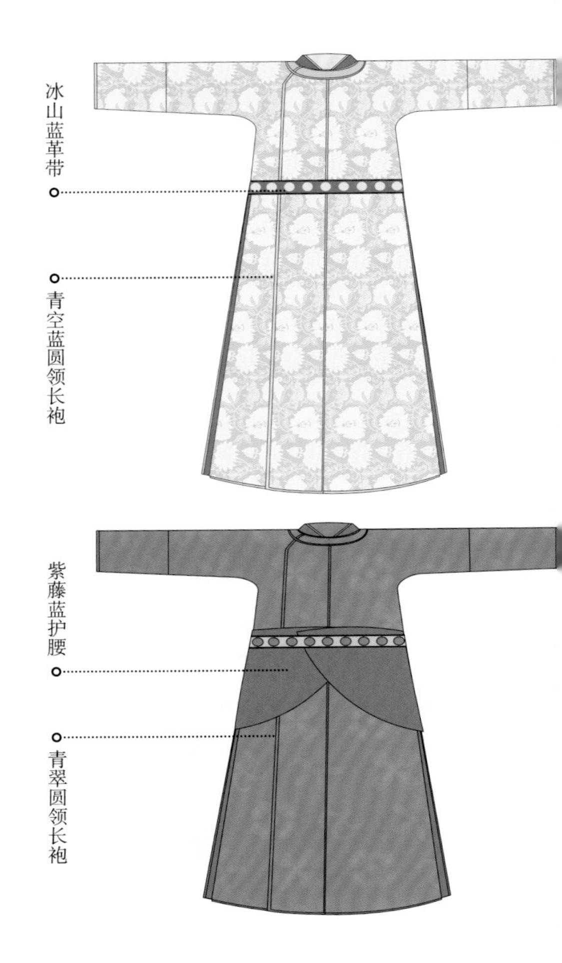
冰山蓝革带
青空蓝圆领长袍
紫藤蓝护腰
青翠圆领长袍

衣香鬓影

梅花花钿

宋代时期的花钿形状较为秀气，以花形为主。

珍珠面靥

面靥有珍珠贴面，雅致精细，在当时深受女子的喜爱。

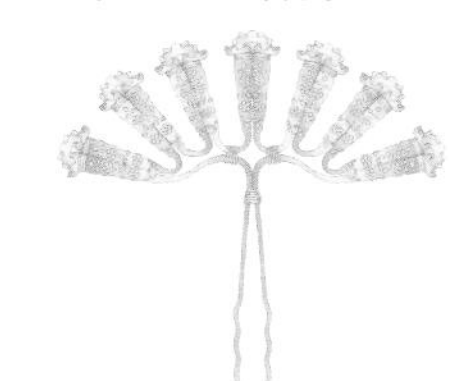

并头花筒簪

并头花筒簪的一对花筒分为两歧，且两个花筒造型各异，纹样也各有不同，是宋代极具代表性的配饰之一。

桥梁钗

样式多为多对花头并排呈弧形排列于钗梁之上。钗梁由两边向中间聚拢，又向下延伸出钗脚。整件钗形如孔雀开屏，展现出宋式钗特有的立体与灵动，是宋元时期的典型样式。

牡丹莲花童子纹

纹丶样丶简丶介

是宋代丝织品“牡丹莲花童子纹绫”上的纹样，属于缠枝纹，是宋代缠枝纹中具有代表性的纹样之一。具有吉祥富贵、繁荣昌盛、多子多福的寓意。

CMYK	RGB
20-0-15-0 #d5ebe1	213-235-225
50-0-15-0 #82cddb	130-205-219
75-25-30-0 #2e96a9	46-150-169
10-5-90-0 #efe311	239-227-17
5-20-5-0 #f1d8e1	241-216-225
45-55-10-0 #9c7cab	156-124-171

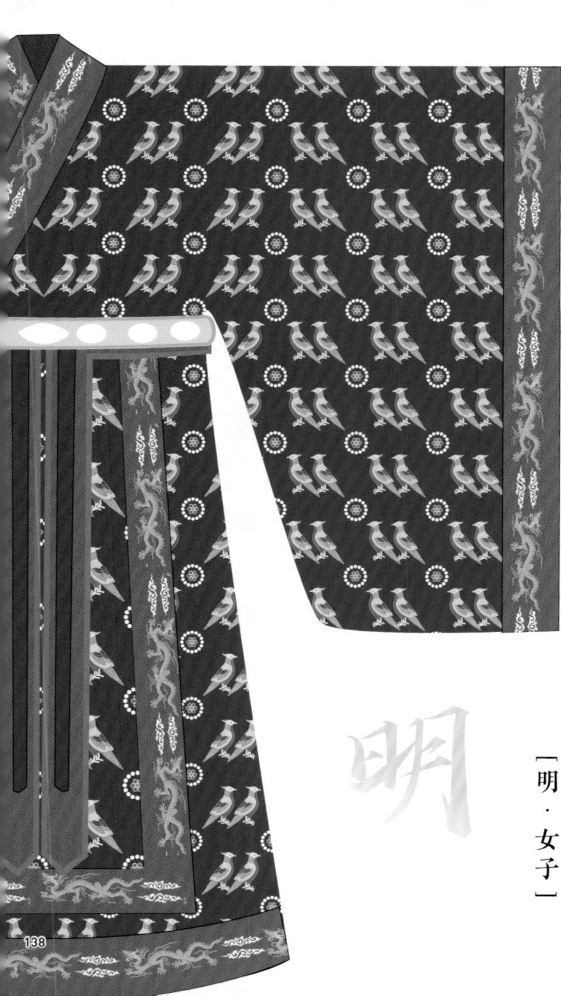

皇后袆衣

［明·女子］

明

明代皇后袆衣装束

下身着　袴—蔽膝—大带

上身着　中单—翟衣

三龙二凤冠

翟衣

大带

蔽膝

明代皇后袆衣配色

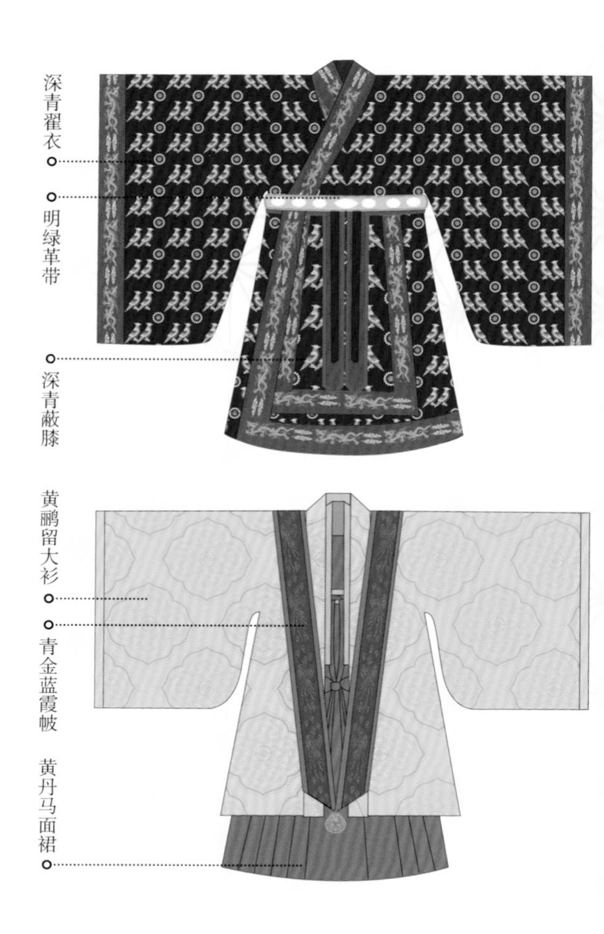

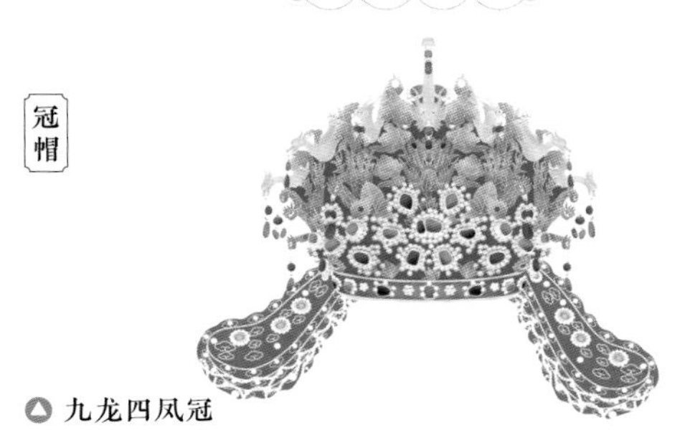

九龙四凤冠

明代皇后的礼服冠大体上继承了宋代形制，凤冠用漆竹丝编成圆形冠胎，在此之上围以翡翠纱。冠身饰有珠翠云，云上饰有翠龙和金凤，二者口衔大珠或珠滴。下缀大、小花珠。冠后部有博鬓六扇。冠底为翠口圈，上缀珠宝花钿及翠钿，金口圈托里。与明代皇后翟衣等服饰相搭配，主要在祭祀等重要场合佩戴。

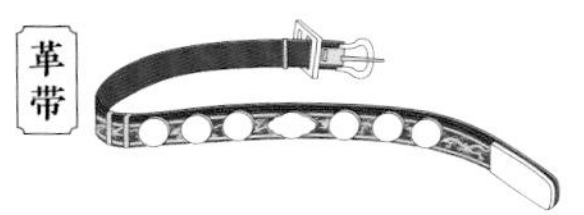

玉革带

与明代皇后礼服搭配使用，外用青绮包裱，绣有描金云龙纹，并镶嵌玉花形带板和玉带扣。

舄

是明代皇后礼服鞋履，鞋身以青绮为底，在此之上绣有描金云龙纹，在舄头处镶嵌有五颗珍珠。

五彩翟鸟纹

纹 \ 样 \ 简 \ 介

五彩翟鸟纹是出自宋代、明代皇后的礼服袆衣上的纹样，袆衣是皇后最高形制的礼服，因其上绣有翟鸟纹故也称“翟衣”。虽然其上都为翟鸟纹，但是表现形式却有差异，宋代皇后袆衣上的翟鸟纹双头相对，明代皇后袆衣上的翟鸟纹则头部朝向一致。翟鸟寓意生活美满、夫妻幸福，同时也是身份地位的象征。

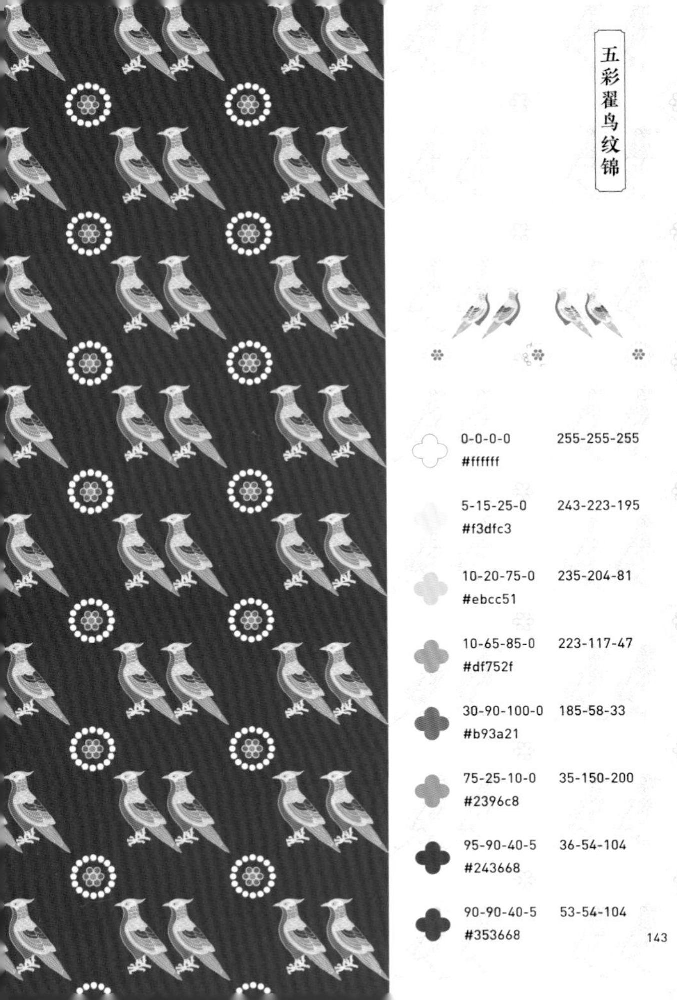
五彩翟鸟纹锦
0-0-0-0 255-255-255
#ffffff
5-15-25-0 243-223-195
#f3dfc3
10-20-75-0 235-204-81
#ebcc51
10-65-85-0 223-117-47
#df752f
30-90-100-0 185-58-33
#b93a21
75-25-10-0 35-150-200
#2396c8
95-90-40-5 36-54-104
#243668
90-90-40-5 53-54-104
#353668

贵族妇人袄裙

【明·女子】

明代贵族妇人袄裙装束
上身着 衫—袄
下身着 袴—裙
鬏髻
方领短袄
马面裙

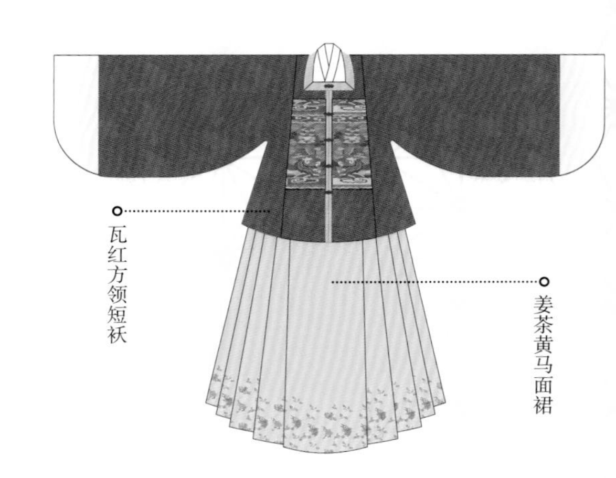
瓦红方领短袄
姜茶黄马面裙

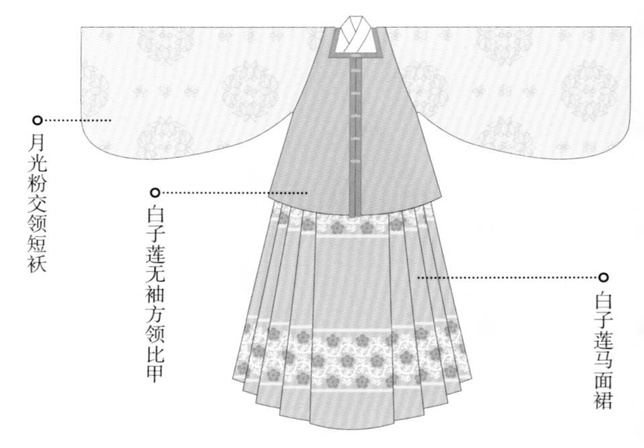
月光粉交领短袄
白子莲无袖方领比甲
白子莲马面裙

衣香鬟影

△ 鬏髻

鬏髻是明代已婚妇女的主要发式，通常以金银丝或马鬃、头发、篾丝等材料编成，外覆皂色纱，佩戴时罩于头顶发髻之上。与鬏髻相配的还有各式首饰，明代也称“头面”。

△ 珠翠面花五事

珠翠面花是皇后贴在脸部的饰物，共有五件（五事）：一件贴于额部，正中为一颗大珠，周围有四颗小珠，并缀翠叶四片；两件分别贴于两靥，为一颗大珠缀五片翠叶；另两件分别贴在左右眉梢靠近发际线处，为六颗珍珠成排，缀翠叶十二片。

落花流水游鱼纹

纹＼样＼简＼介

落花流水游鱼纹属于落花流水纹的一种。落花流水纹又称“曲水纹”，是花朵飘零于水波之上的四方连续图案，颇有“桃花流水杳然去，别有天地非人间”的浪漫意境，是具有明代特色的纹样之一。

CMYK	RGB	HEX
15-20-5-0	221-208-223	#ddd0df
0-30-30-0	248-197-172	#f8c5ac
0-65-46-0	237-121-111	#ed796f
25-70-55-0	196-103-96	#c46760
0-50-80-0	243-153-58	#f3993a
5-85-10-0	224-64-136	#e04388
0-75-75-30	186-75-44	#ba4b2c
45-25-80-10	148-159-74	#949f4a

纱衫主腰

【明·女子】

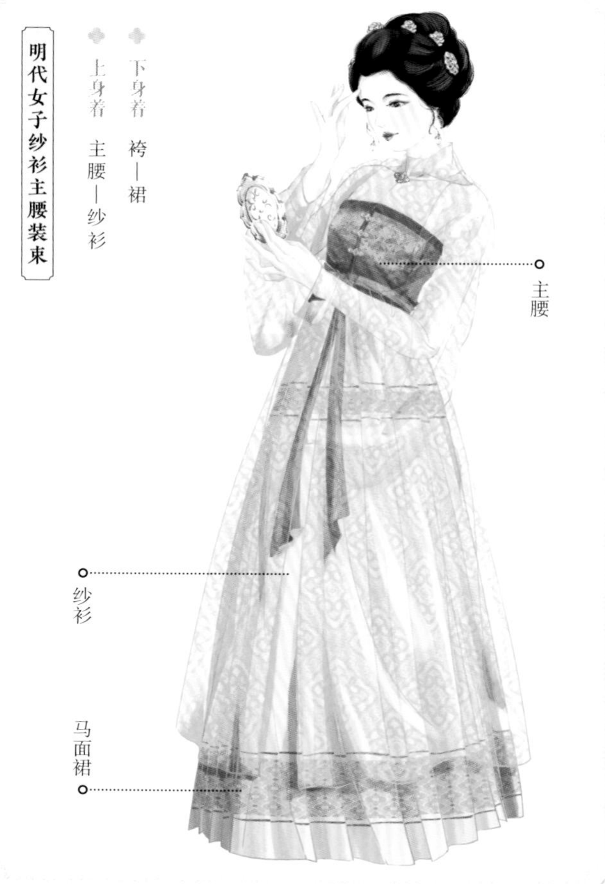
明代女子纱衫主腰装束
下身着 袴—裙
上身着 主腰—纱衫
主腰
纱衫
马面裙

纱衫主腰配色

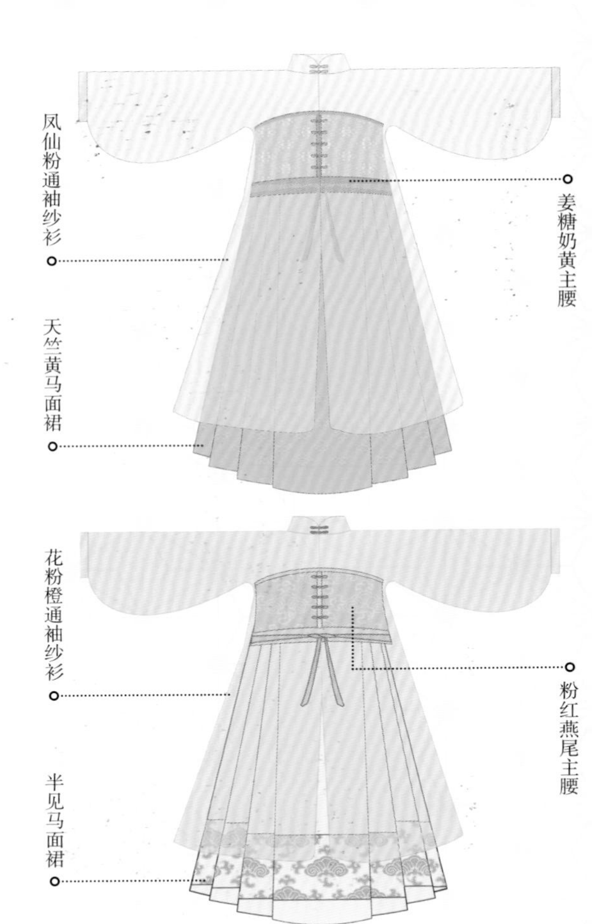

配饰

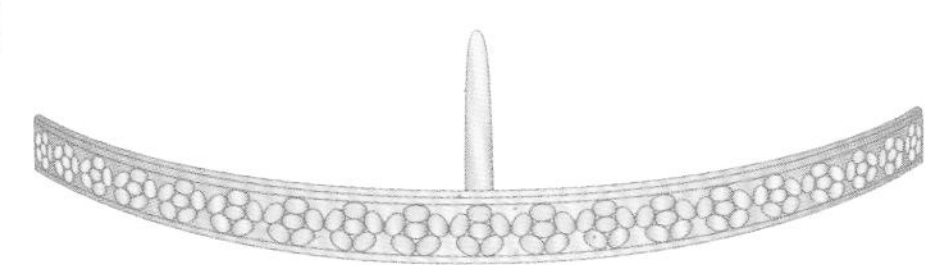

钿儿

也被称作“花钿”。呈弧形戴于鬏髻正面底部，将两端系带固定于鬏髻两侧簪钗上，或在背面由垂直向后的簪脚插入鬏髻中。

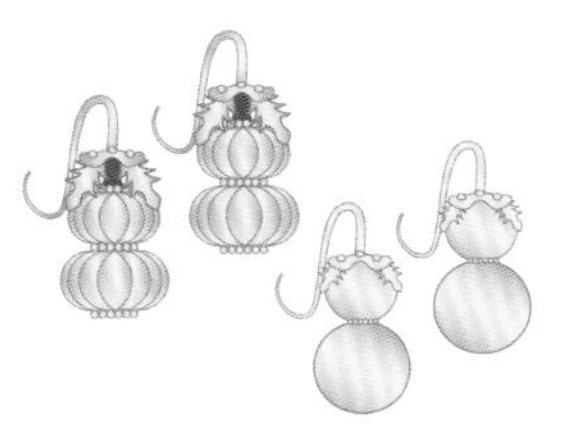

金葫芦耳坠

金制耳坠，坠葫芦形制，中空、外錾竖纹、上连叶脉，是明代女子常用饰品。

花心簪

通常为一至三对，簪首制成四季的花卉形，常见的有牡丹、荷花等形状，簪脚向后，分别插在鬏髻的两侧。

方格如意纹

纹＼样＼简＼介

方格如意纹是明代具有代表性的丝绸织花纹样之一。自古以来，人们就用如意来祈求万事万物如意，具有吉祥、富贵、称心等寓意，是中国传统纹样设计题材的重要元素之一。

方格如意纹锦

5-13-20-0　244-227-206
#f4e3ce

5-40-85-0　238-170-48
#eeaa30

0-55-20-0　240-145-160
#f091a0

30-60-0-0　186-121-177
#ba79b1

35-60-45-0　178-119-119
#b27777

30-80-60-15　168-71-75
#a8474b

水田衣

［明·女子］

明代女子水田衣装束

上身着　衫—袍—云肩

下身着　裤—裙

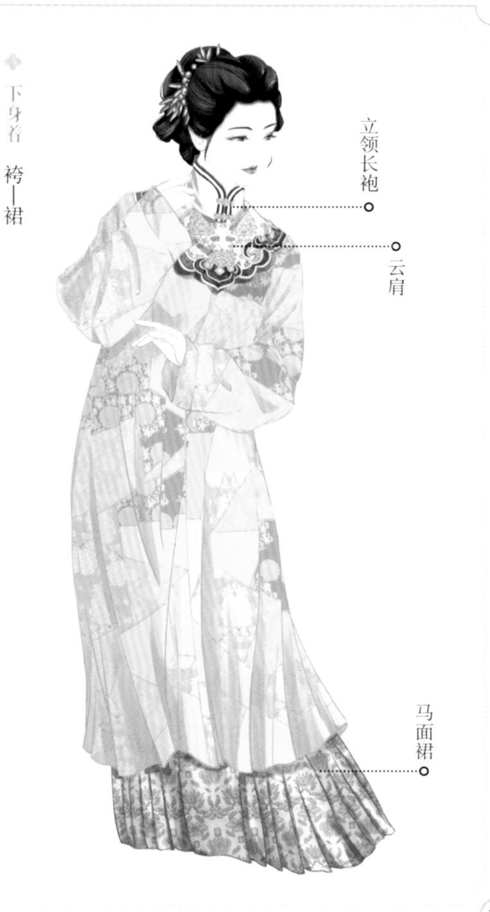

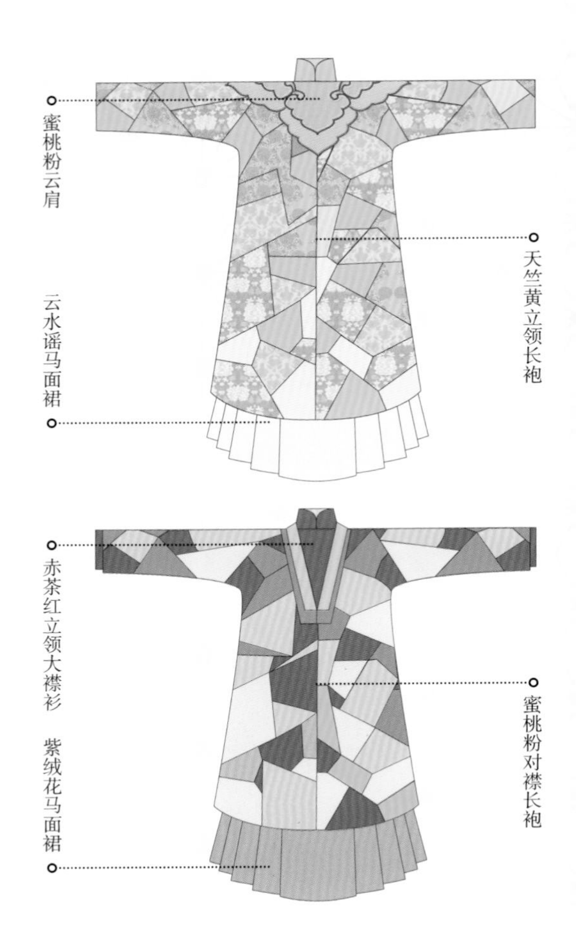
蜜桃粉云肩
天竺黄立领长袍
云水谣马面裙
赤茶红立领大襟衫
蜜桃粉对襟长袍
紫绒花马面裙

金镶宝石镯

明代因海运贸易的发展，海外宝石源源不断地输送进来，镶嵌、宝石成为明代最为奢华的装饰工艺。多彩的宝石与錾刻、累丝等工艺结合起来，使配饰华丽又不失精致。

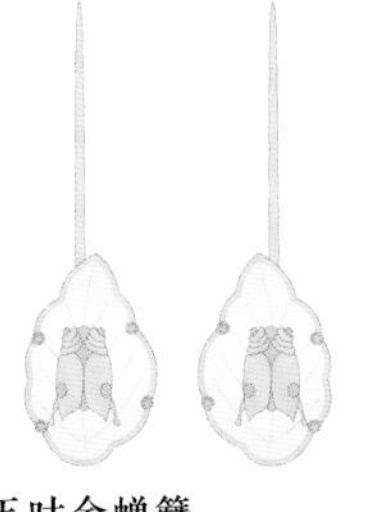

玉叶金蝉簪

一般成对出现，多插在发簪、分心的左右。在簪托上镶嵌玉叶，叶上有金蝉相配，是明代典型的昆虫簪钗主题配饰。

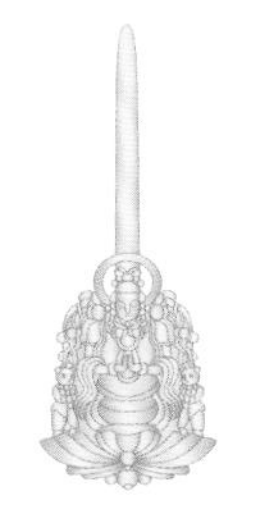

金质菩萨分心

簪脚一般朝上，倒插于鬏髻前方正中位置。分心上菩萨身穿云肩，端坐于莲花座上，脑后有圆光，两侧各侍一童子。

盘绦四季朵花纹

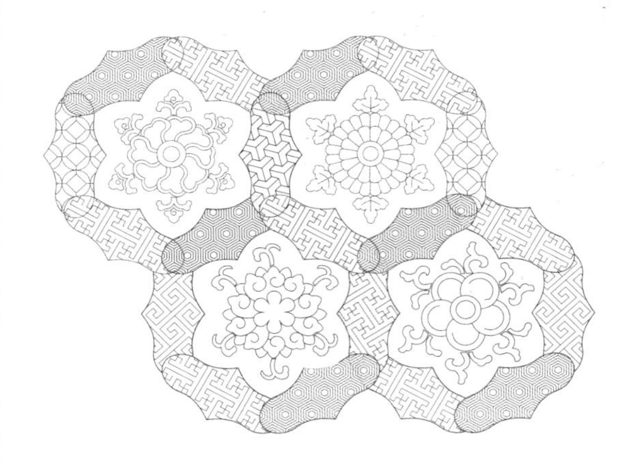

纹＼样＼简＼介

盘绦纹属于几何纹样的一种。盘绦纹始于宋而盛行于明清，是宋锦中细锦的经典纹样之一，常与不同的动物、植物等纹样搭配呈现，具有变化万千、连绵不断、四通八达、吉祥长寿等寓意。

盘绦四季朵花纹锦裱片

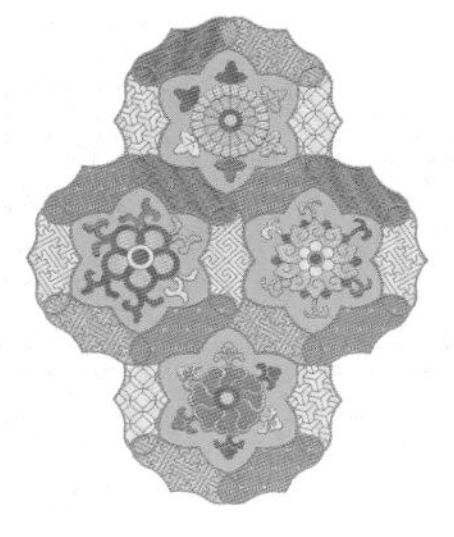

CMYK	RGB	HEX
0-20-50-0	252-214-140	#fcd68c
0-50-70-0	243-153-79	#f3994f
40-65-85-0	169-107-58	#a96b3a
0-40-30-0	245-177-162	#f5b1a2
5-80-35-0	226-83-113	#e25371
40-20-20-0	165-187-195	#a5bbc3
15-15-55-0	225-211-132	#e1d384
20-30-70-0	213-180-92	#d5b45c
35-35-100-0	182-160-20	#b6a014
55-40-65-0	133-141-102	#858d66
50-0-20-0	131-204-210	#83ccd2

大袖长衫

[明·女子]

明代女子大袖长衫装束

下身着　袴—裙

上身着　衫

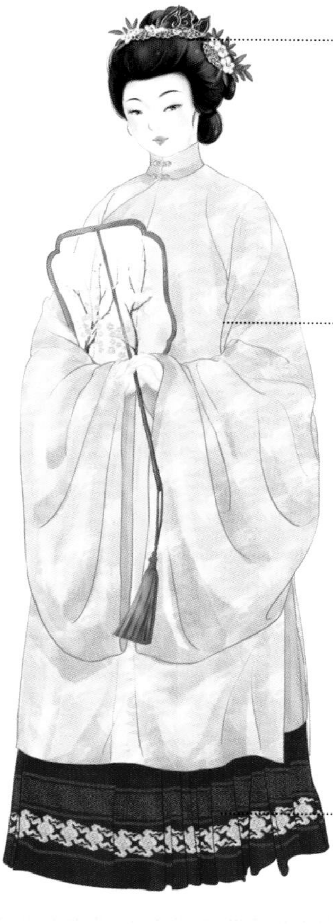

牡丹头

立领大袖长衫

马面裙

大袖长衫配色

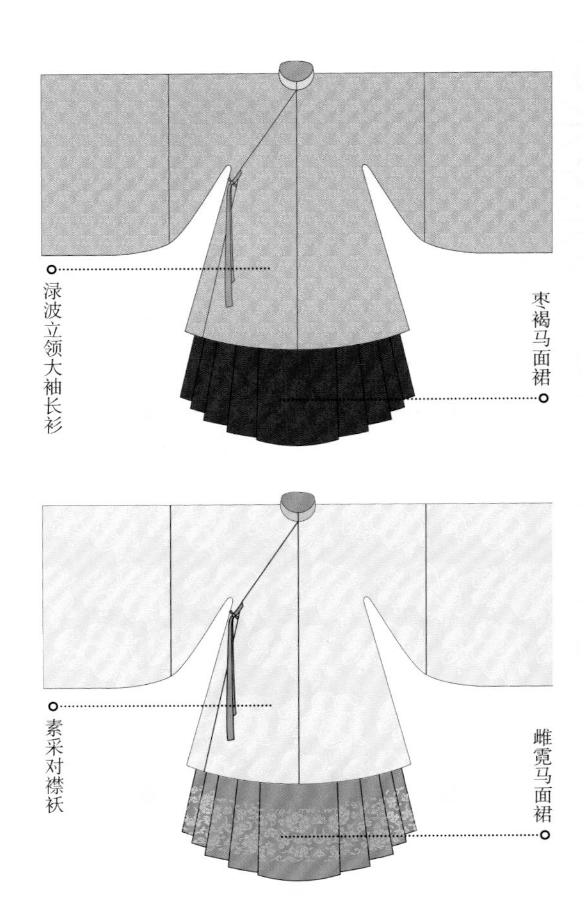

发髻

牡丹头

盘发厚重、技艺独特。在明代时期，女子盘梳牡丹头，以表达对客人的尊重。

配饰

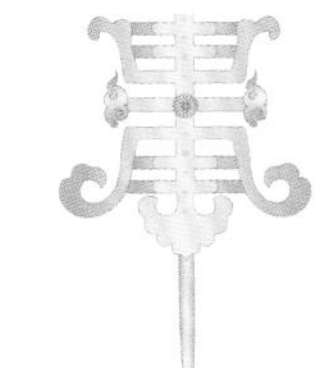

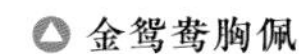

“寿”字金挑心

挑心是明代妇女的一种发饰，通常簪戴在发髻正中。簪首以佛像、仙人、梵文、凤凰之类最为常见。这件挑心簪首在薄金片上镂刻出“寿”字纹样，“寿”字腰间各增加一卷云纹，一端变形为云纹，为具有美好寓意的发饰增加了装饰效果。

金鸳鸯胸佩

属于禁步的一种。禁步可分为佩挂于腰间的“腰佩”和佩戴于胸前的坠胸式禁步“胸佩”两种。戴禁步是对女子行走速度和行动声音的一种限制，体现了明代对女子严格的要求。

仙鹤四合云纹

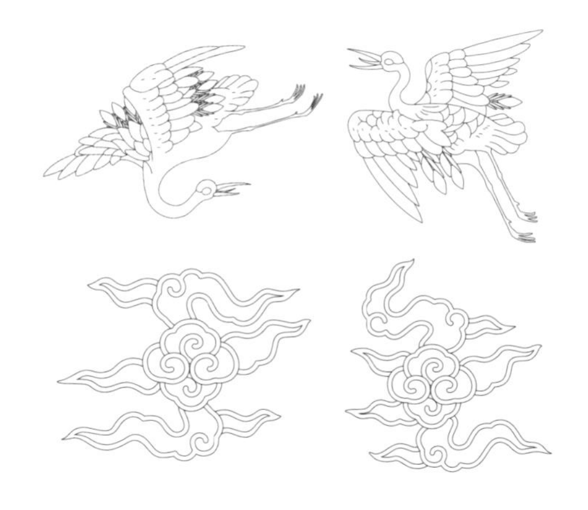

纹＼样＼简＼介

仙鹤四合云纹，也称“云鹤纹”，是云纹的一种，也是为数不多贯穿于中国各朝代的纹样。云在古代是被尊奉的纹样题材，如商代青铜器上的云纹、汉代的云气纹，明代的朵云纹、四合云纹、如意云、七巧云、行云纹等，均有各自的特色，并反映了不同时代的面貌。又因云与气候相关，在农耕文化的影响下，人们对云存有敬畏之心。云鹤纹象征着步步高升、延年益寿、高雅、吉祥如意以及对生命的美好向往。

15-10-10-0　223-225-226
#dfe1e2

45-5-35-0　151-202-179
#97cab3

65-0-50-0　81-186-151
#51ba97

83-39-43-0　14-126-138
#0e7e8a

比甲长裙

[明·女子]

明代女子比甲长裙装束
下身着 袴—裙
上身着 衫—比甲
牡丹头
立领长衫
比甲
马面裙

比甲长裙配色

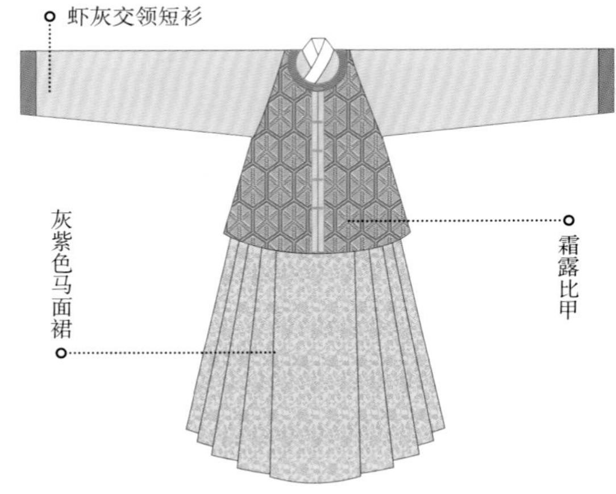

压鬓钗

又叫倒钗、金簪，使用时倒着插入鬏髻底部两侧。

金龙满冠

形似山峦或笔架，有一定弧度，插在鬏髻背面底部。

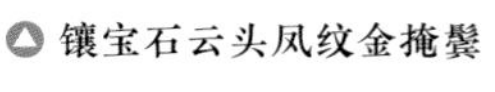

镶宝石云头凤纹金掩鬓

又称棒鬓、博鬓，通常做成云形，簪脚朝上，插于两鬓边。

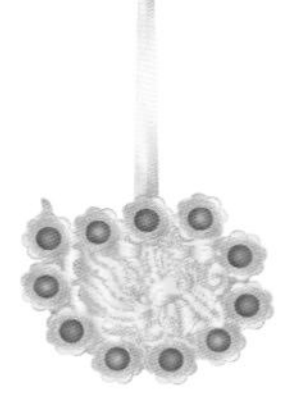

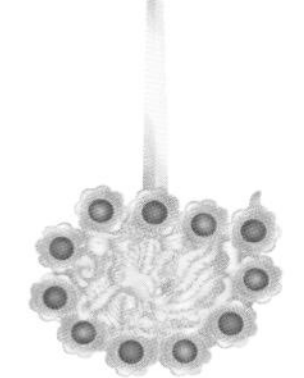

方棋如意莲瓣纹

纹\样\简\介

方棋纹又称棋格纹，是一种网格状纹样，类似于象棋、围棋等方格式的棋位图。方棋纹极具视觉秩序感，是基础的连续性图案之一，有源远流长、生生不息的寓意。方棋纹以方形作为纹样单位，纹样之间相互关联不间断，以四方连续纹样的形式排列。在此骨架之中填入主题性内容纹样，这种表现形式的纹样又被称为方棋嵌花纹。该纹样就是在方棋纹的基础之上分布莲瓣纹、如意云纹等纹样，且莲瓣之间间距匀称，如意云纹也层层相连，极具韵律之美。由于纺织物经纬交织的方向与方棋纹横竖构成的方向相同，因此方棋纹成了纺织物常见的纹样之一。

方棋如意莲瓣纹锦

CMYK	RGB	HEX
0-0-10-0	255-254-238	#fffeee
15-15-25-0	223-215-194	#dfd7c2
20-25-50-0	212-191-137	#d4bf89
40-50-65-0	169-134-95	#a9865f
30-5-0-0	187-220-244	#bbdcf4

围腰襦裙

【明·女子】

明代女子围腰襦裙装束
下身着 袴—裙—围腰
上身着 衫
小髻
围腰
短衫
百迭裙
宫绦

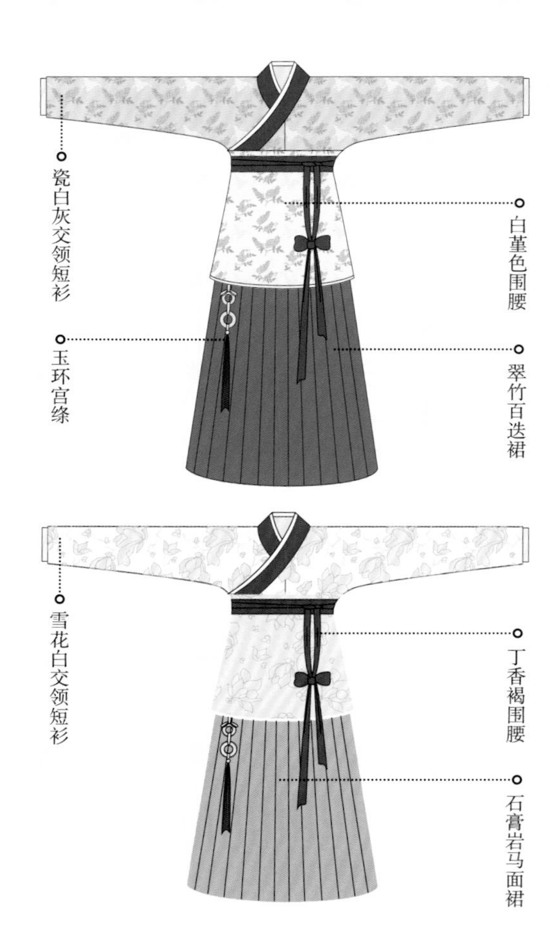
瓷白灰交领短衫
白堇色围腰
玉环宫绦
翠竹百迭裙
雪花白交领短衫
丁香褐围腰
石膏岩马面裙

配饰

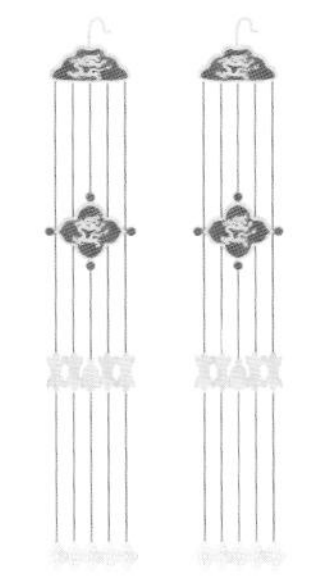

白玉云样玎珰

上部为两面饰有云龙纹的金如意云盖。下系红丝线五根，红丝线上面缀金方心云板一块，金方心云板正中饰有小金龙。丝线末端缀白玉云朵五朵。一般成对佩戴，是皇后常服常用的配饰。

玉花彩结绶

用红、绿色线罗各一条，编成花结，正中缀刻有云龙纹的玉绶花一块。绶结下垂有绶带一对，绶带末端各缀玉坠珠三颗。佩戴时系于腰间，自然垂下，不仅美观，还可起到压住裙幅的作用。

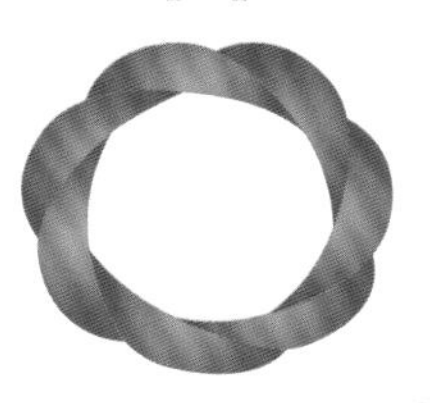

绳纹玉手镯

玉手镯的表面用阴线刻出两条至四条螺旋状的纹饰，因呈绳子缠绕状而名“绳纹镯”或“麻花镯”。

灯笼纹

纹＼样＼简＼介

灯笼纹是以灯笼为题材的装饰图案。自古以来，每逢佳节就有张灯结彩的传统，古人通过装饰灯笼或灯笼纹来祈求家庭添丁进财，也象征着阖家团圆、事业兴旺、红红火火、圆满富贵等。

灯笼纹锦

30-5-10-0　188-219-228
#bcdbe4

40-15-60-0　169-190-123
#a9be7b

70-45-80-0　95-124-80
#5f7c50

85-35-50-0　0-130-131
#008283

80-0-75-55　0-101-59
#00653b

80-60-40-0　66-100-127
#42647f

5-20-60-0　244-209-118
#f4d176

20-80-50-10　190-76-89
#be4c59

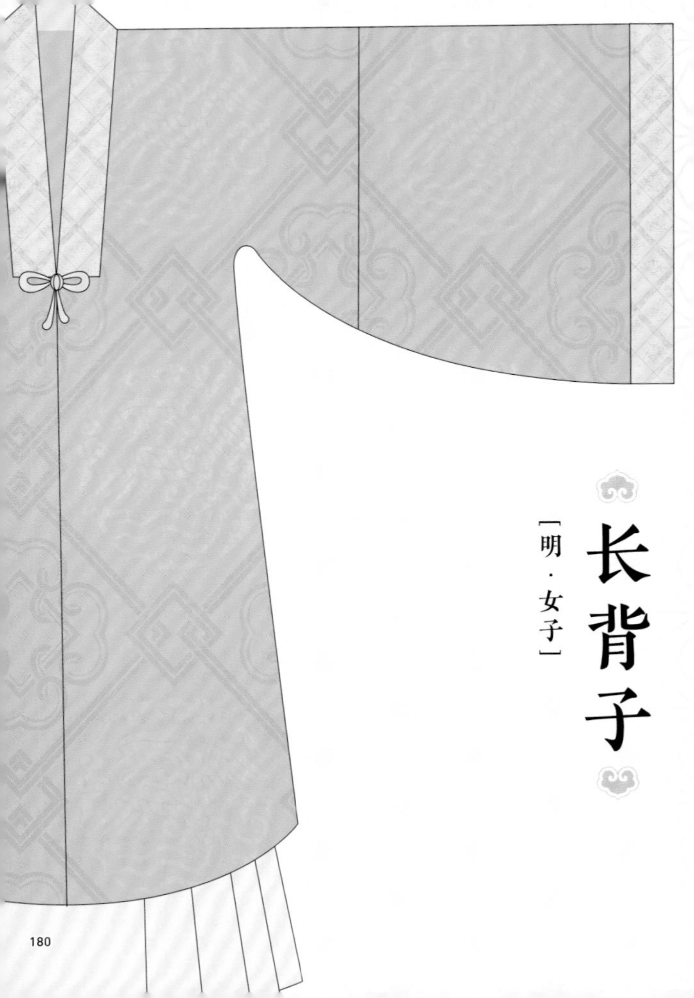

长背子

【明·女子】

明代女子长背子装束
下身着 袴—裙
上身着 衫—背子
牡丹头
对襟长背子
马面裙

长背子配色

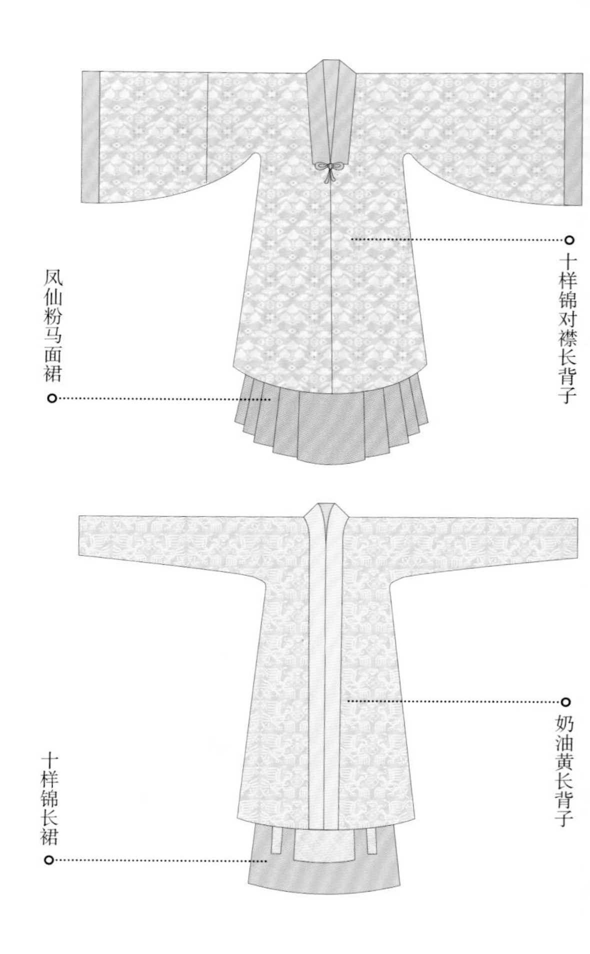
十样锦对襟长背子
凤仙粉马面裙
奶油黄长背子
十样锦长裙

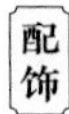

配饰

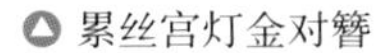

累丝宫灯金对簪

以灯笼为主体，其中饰有花卉卷草纹样，四周点缀花卉铃铛形挂坠，形制方正、精巧。在佳节赏灯时佩戴灯笼形簪钗，更有节日气氛。

玉嵌宝石带钩

此带钩为如意形，有平安如意、福寿等寓意。钩首雕刻螭首，螭首转折后变为玉带钩的板状钩体。带钩厚重、制作精美，镶嵌有各色宝石，具有扣合腰带的作用。

玉螭虎纹龙首带钩

又名“玉带扣”。明清时期的玉带钩上多有浮雕纹饰，所雕兽纹凸出钩面。此带钩由分离的两部分组成，一部分是伸出的螭首钩，另一部分是凸出的螭首钩的扣环。

盘绦团凤纹

纹、样、简、介

盘绦团凤纹中的团凤纹美丽大方、魅力四射，千百年来被看作幸福的化身。团凤纹常与品字云纹、如意云纹、花草纹等结合，构成“凤衔牡丹”“鸾凤和鸣”等图案，象征着和平与吉祥等。

0-35-10-0 246-190-200
#f6bec8

0-45-30-0 243-166-157
#f3a69d

0-55-20-0 240-145-160
#f091a0

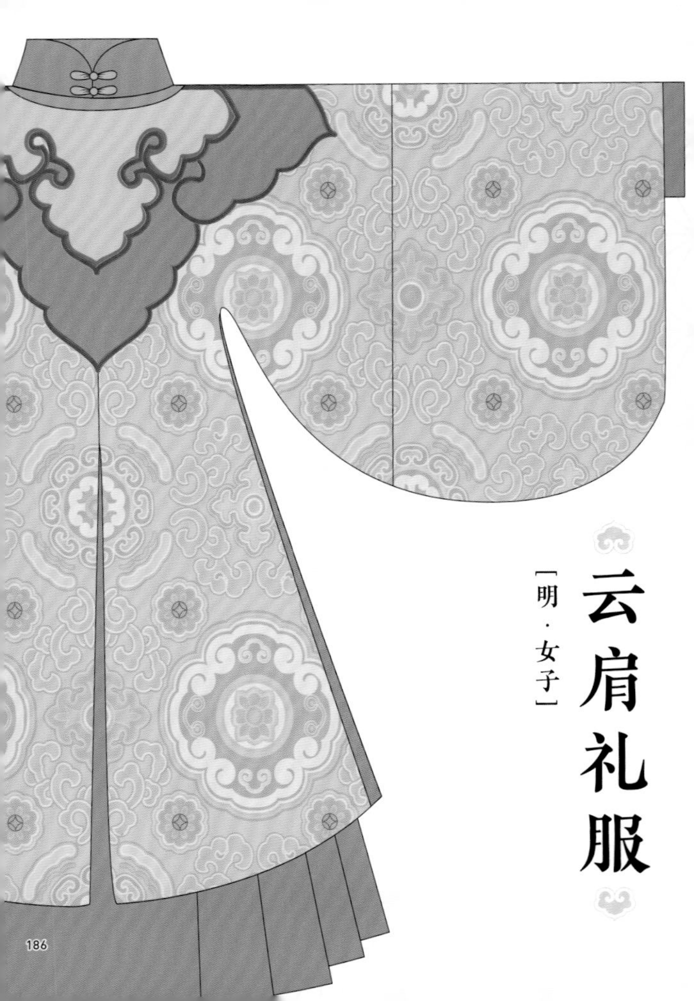

云肩礼服

【明·女子】

明代女子云肩礼服装束
上身着 衫—袍—云肩
下身着 袴—裙
小髻
云肩
立领长袍
马面裙

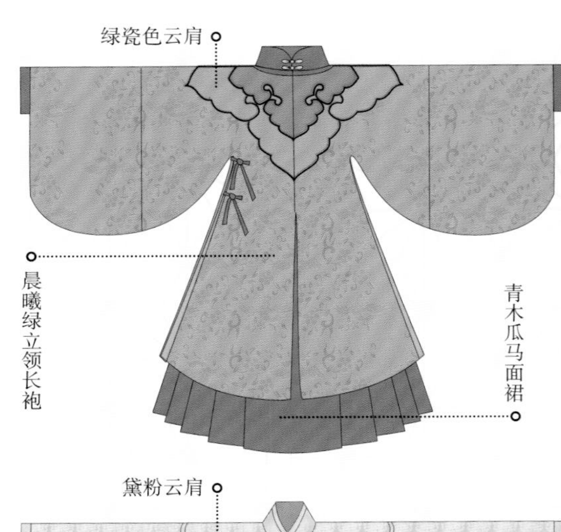
绿瓷色云肩
晨曦绿立领长袍
青木瓜马面裙

黛粉云肩
雾凇交领长袄
铃兰紫马面裙

衣香鬓影

发髻

高髻

高髻盘发技艺复杂，搭配华丽的饰品，自带奢华的风格，最早盛行于明代宫廷之中，后在官员家眷中流传，随后民间亦纷纷效仿。

抹额

也称额带、头箍、发箍、眉勒、脑包，盛行于明代，是妇女包于头额，束在额前的巾饰，一般多饰以刺绣或珠玉。

四合如意天华锦纹

纹 \ 样 \ 简 \ 介

四合如意天华锦纹属于天华锦纹的一种。天华锦源于宋代八达晕锦，又名“添花锦”，取“锦上添花”之意，明清时期尤为盛行。

四合如意纹天华锦

CMYK	RGB	HEX
5-5-10-0	245-242-233	#f5f2e9
25-30-55-20	174-154-107	#ae9a6b
30-20-70-5	187-184-95	#bbb85f
50-40-80-0	147-143-76	#938f4c
35-10-0-0	174-208-238	#aed0ee
45-0-25-5	144-203-196	#90cbc4
60-35-70-0	120-145-97	#789161
90-50-70-10	0-102-88	#006658

『衣袂翩跹·大美之服』
汉服纹样
东方美学口袋书
TRADITIONAL CHINESE CLOTHING